国家示范（骨干）高职院校建筑工程技术重点建设专业成果教材

钢结构工程施工

■ 主 编 张 扬

■ 副主编 程明龙 於重任 陆 恪

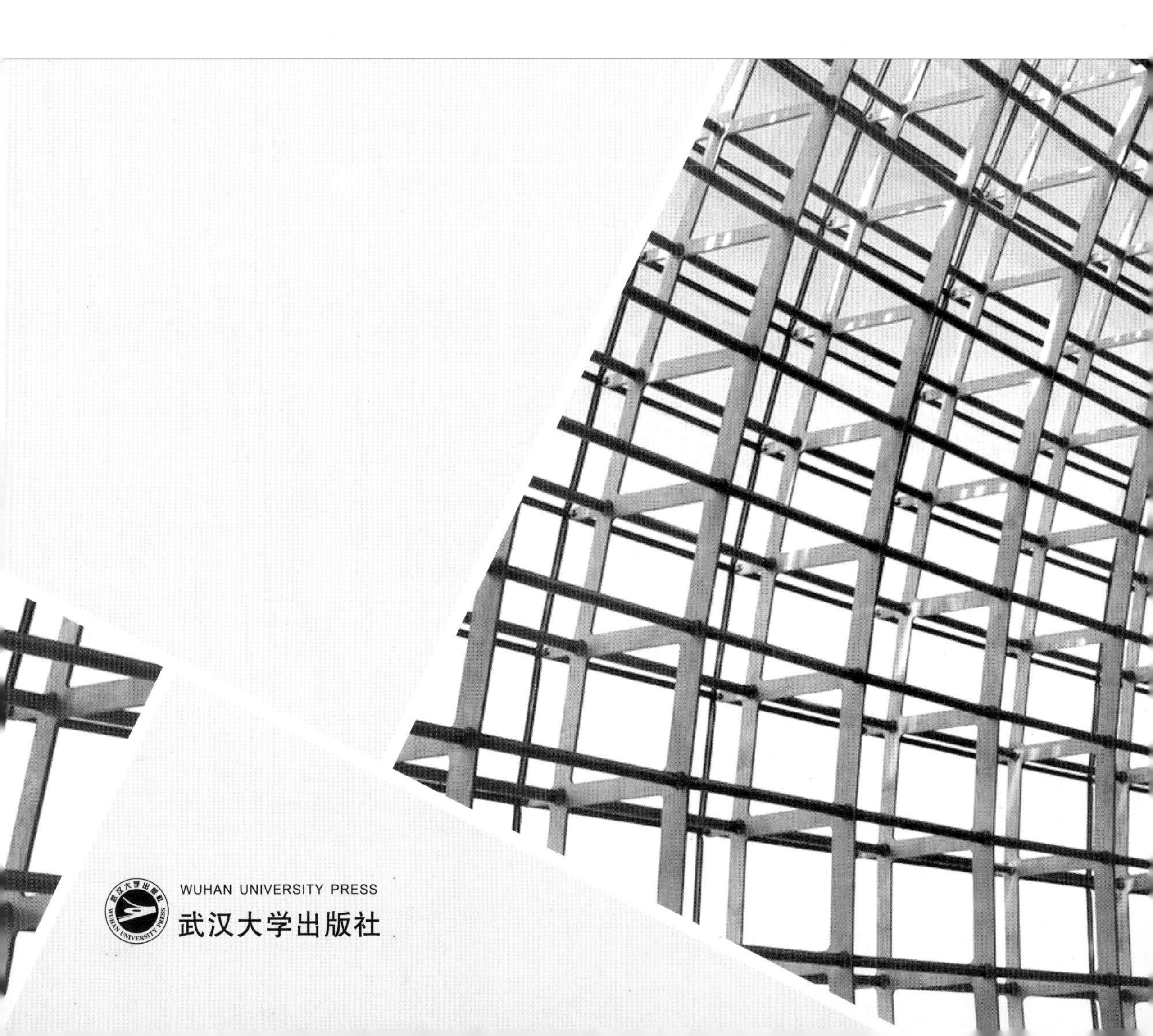

WUHAN UNIVERSITY PRESS
武汉大学出版社

图书在版编目(CIP)数据

钢结构工程施工/张扬主编.—武汉:武汉大学出版社,2013.9
国家示范(骨干)高职院校建筑工程技术重点建设专业成果教材
ISBN 978-7-307-11529-3

Ⅰ.钢… Ⅱ.张… Ⅲ.钢结构—建筑工程—工程施工—高等职业教育—教材 Ⅳ.TU758.11

中国版本图书馆 CIP 数据核字(2013)第 206929 号

责任编辑:胡 艳 责任校对:刘 欣 版式设计:马 佳

出版发行:**武汉大学出版社** (430072 武昌 珞珈山)
(电子邮件:cbs22@whu.edu.cn 网址:www.wdp.com.cn)
印刷:武汉中科兴业印务有限公司
开本:787×1092 1/16 印张:9.5 字数:227 千字 插页:1
版次:2013 年 9 月第 1 版 2013 年 9 月第 1 次印刷
ISBN 978-7-307-11529-3 定价:23.00 元

前　言

我国钢结构产业近10余年发展迅速，已成为全球钢结构用量最大、制造施工能力最强、产业规模第一、企业规模第一的钢结构大国。但我国大多数钢结构企业面临着技术人员异常匮乏的困境，快速培养出一批面向生产一线的技术人员是目前极为紧迫的任务。

本书根据国家现行《钢结构设计规范》、《建筑抗震设计规范》、《建筑结构制图标准》、《钢结构设计制图深度和表示方法》、《门式刚架轻型房屋钢结构技术规程》、《冷弯薄壁型钢结构技术规范》、《网架结构设计与施工规程》、《钢结构工程施工质量验收规范》、《焊缝符号表示方法》等规范、标准、图集进行编写，并引入了湖北辉创重工集团、湖北鸿路钢结构(集团)有限公司等企业的企业标准、工程案例。

本书主要面向高职高专开设有钢结构工程施工类课程的专业，也可作为企业技术人员的自学教材。针对钢结构技术人员从业的关键技能，全书按照钢结构工程施工的基本流程，讲述了钢结构的识图、深化设计、制作、运输、安装等内容。书中内容尽量采用图文并茂的方式呈现，便于读者理解，降低学习难度，提高学习效率。

全书共分6章，绪论及第2、3章由张扬编写，第4章由程明龙编写，第5、6章由於重任编写，第1章由陆恪编写。全书的提纲及校对工作由张扬和陆恪完成。

本书部分图片选自互联网，由于该类图片未见作者署名，故无法联系到图片作者，如果图片作者正在翻阅本书，请与本书作者联系。

由于作者水平有限、编写时间仓促，有不当之处，请读者指正。

编　者

2013年6月

目　录

绪　论……………………………………………………………………………… 1
　0.1　钢结构的发展历史与发展趋势 ………………………………………………… 1
　0.2　钢结构的特点与应用 ………………………………………………………… 2
　0.3　钢结构的主要结构类型 ……………………………………………………… 6
　0.4　钢结构工程施工的学习方法 ………………………………………………… 8

第1章　钢结构材料 …………………………………………………………… 9
　1.1　建筑钢材的选用 ……………………………………………………………… 9
　1.2　钢材的品种及规格 …………………………………………………………… 14
　1.3　焊接材料 ……………………………………………………………………… 17

第2章　钢结构施工图表示方法 ……………………………………………… 29
　2.1　构件表示方法 ………………………………………………………………… 29
　2.2　焊缝表示方法 ………………………………………………………………… 33
　2.3　螺栓表示方法 ………………………………………………………………… 41

第3章　钢结构施工图识读 …………………………………………………… 44
　3.1　门式刚架结构施工图识读 …………………………………………………… 44
　3.2　多高层钢结构施工图识读 …………………………………………………… 58

第4章　钢结构详图深化设计 ………………………………………………… 70
　4.1　钢结构详图深化设计的主要内容 …………………………………………… 70
　4.2　钢结构施工详图表达的内容及技巧 ………………………………………… 72

第5章　钢结构制作 …………………………………………………………… 81
　5.1　钢结构加工前的生产准备 …………………………………………………… 81
　5.2　钢结构生产的组织方式和零件加工 ………………………………………… 88
　5.3　组装 …………………………………………………………………………… 100

5.4 成品的表面处理、油漆、堆放和装运 …… 104

第6章 钢结构安装 …… 107
6.1 钢结构安装前准备 …… 107
6.2 钢结构安装 …… 113

附录一 钢材和连接的设计强度值 …… 129
附录二 常用热轧型钢规格表 …… 132
附录三 C型钢规格表 …… 143

参考文献 …… 146

绪　论

建筑结构是指在建筑物(或构筑物)中，承受各种荷载或者作用，起骨架作用的空间受力体系。建筑结构因所用的建筑材料不同，可分为混凝土结构、钢结构、砌体结构、木结构以及多种材料共存的混合结构等。

0.1　钢结构的发展历史与发展趋势

钢结构在我国有着悠久的发展历史，早在公元70年，我国便在云南省景东地区澜沧江上建造了世界上最早的铁索桥——兰津桥，除此以外，我国古代还建造了许多钢结构的建筑物或构筑物，如位于贵州省关岭、晴隆二县交界处的盘江桥(图0.1)，建于公元1631年，跨度约80m；又如位于在湖北省当阳县的玉泉寺铁塔(图0.2)，建于公元1601年，高达13层，总重约50吨。可见，即使是在古代冶金技术和生产技术不发达的情况下，我国劳动人民仍然可以凭借超凡的智慧建造出非常壮观的钢结构建筑。

图0.1　盘江桥

图0.2　玉泉寺铁塔

正是因为钢结构建筑采用钢铁作为建筑结构的主要材料，钢结构建筑的发展与冶金技术发展的关系是非常密切的，所以我国古代凭借相对先进的冶炼技术使钢结构的发展处于世界领先地位，但自从18世纪以后，由于欧洲工业革命的兴起，欧洲的钢铁冶炼技术得到了迅速发展，钢结构在欧美地区的应用非常广泛，比如1889年建于法国巴黎的埃菲尔铁塔，高度达到300m，重量超过1万吨，远远超过我国当时的建筑水平。

中华人民共和国成立后，特别是改革开放以来，我国在“解放生产力，发展生产力”，“科学技术是第一生产力”的理论基础上，大力发展生产力和科学技术，钢铁产量迅猛提高，1949 年我国的钢材产量仅为 15 万吨，1980 年的钢产量约 3000 万吨，2011 年的钢产量约为 7 亿吨，约占世界钢产量的一半。钢铁产量的增长为我国钢结构的发展创造了良好的条件。

我国从改革开放到 20 世纪末，分别在 1986 年建成高 82m 的北京香格里拉饭店，1987 年建成高 154m 的深圳发展中心大厦，1990 年建成高 208m 的北京京城大厦，1998 年建成高 420m 的上海金茂大厦。虽然改革开放之后我国钢结构建筑发展很快，但与发达国家相比还有一定的差距。美国早在 1973 年便建成了高 443m 的西尔斯大厦，是当时的世界第一高楼，1997 年吉隆坡建成高达 452m 的国家石油公司双塔大楼，打破西尔斯大厦保持了 24 年的世界第一高楼纪录。进入 21 世纪之后，世界各国的钢结构建筑都得到了长足的发展，争建世界第一高楼在钢结构建筑中开展得热火朝天，中国台北于 2003 年建成台北 101 大楼，高达 508m；阿拉伯联合酋长国迪拜于 2010 年建成高达 828m 的哈利法塔；在中国，正在建设的有高达 438m 的武汉中心大厦，拟建的有高达 880m 的天空城市大厦。

当然，钢结构建筑不仅具备建造高层建筑的优势，也适合于建造大跨度的公用建筑、工业建筑和桥梁，目前我国已建设完成并投入使用的著名大型钢结构公用建筑主要有中国国家大剧院(图 0.3)、中国国家体育场(又称鸟巢，图 0.4)、中国国家游泳中心(又称水立方)、2010 年上海世博会中国馆(又称东方之冠)、广州新电视塔(又称“小蛮腰”)、中央电视台总部大楼，等等。

图 0.3　中国国家大剧院

图 0.4　中国国家体育场

钢结构建筑的发展在近十年来尤为迅速，2004 年我国钢结构建筑的年产量约 1300 万吨，2010 年我国钢结构建筑的年产量约 2600 万吨，根据 2010—2015 年钢结构“十二五”规划目标建议，预计 2015 年我国钢结构建筑的年产量将达到 5000 万吨。同时，钢结构建筑占建筑工程的比重也呈逐年上升的趋势，钢结构建筑正向着更多、更高、更大的方向发展。

0.2　钢结构的特点与应用

钢结构建筑之所以在近年来取得如此快速的发展，与其自身的特点是密不可分的。

0.2.1　钢结构的优点

(1)轻质高强。相对于混凝土结构和砌体结构而言，钢结构的强度和密度的比值是较大的。如常用的 Q235 钢，抗拉强度约为 $200N/mm^2$，密度约为 $78kN/m^3$，其比值约为 $2500m^{-1}$；而常用的 C30 混凝土，抗拉强度为 $1.43N/mm^2$，密度约为 $20kN/m^3$，其比值约为 $70m^{-1}$。由此可见，钢结构的强度与重量的比值远远大于混凝土结构，这就说明建造同样的钢结构建筑所需的结构自重远远小于混凝土结构。例如，当跨度和荷载相同时，采用钢结构屋架的重量仅为采用钢筋混凝土屋架的重量的三分之一；对于高度大约 100m 的高层建筑，采用钢结构时，其重量仅为采用钢筋混凝土结构的三分之二。

(2) 材质均匀。钢结构构件全部由钢材组成，钢材具有材质均匀、各向同性的优点，最接近于匀质等向体，匀质等向体是研究固体力学的基础，其匀质、等向的性能与力学计算中的假定基本相符，所以很多力学公式都可以直接在钢结构中采用，而且钢结构的实际受力情况与力学计算结果吻合程度也相当高。同时，由于钢材在出厂前和施工进场前都受到严格的检验，其材料的质量保证率较高，钢材当中的缺陷也相对较少，出现工程质量事故的几率也随之减少，这也是钢结构材质均匀的一种体现。

(3) 抗震性能好。相比混凝土和砌体材料，钢材的塑性更好，这就导致钢结构在发生偶然超载时不至于发生脆性破坏。一般钢材在达到屈服强度后，还可以继续伸长 2% ~ 3%，此时其总应变甚至超过 20%，才会发生破坏，显然，如此大的应变是一个良好的破坏先兆，这有利于我们在钢结构发生破坏之前进行人员和财产的疏散。此外，由于钢结构具有轻质高强的优点，钢结构建筑的自重较轻，建筑物所受到的地震力和建筑地基所受到的压力也相应较小，所以，在高烈度地震地区建造较高的房屋时，钢结构不仅具有地震力较小、地震破坏程度小的优点，甚至还具有造价相对较低的优点。

(4) 抗疲劳性能好。同样，相比混凝土和砌体材料，钢材的韧性也更好，更适合于承受反复荷载。在冲击荷载下，带有缺口的钢材试件可以吸收相当大的冲击功，保证钢材有一定的抗冲击脆断的能力。这有利于用钢结构建造承受反复荷载的建筑结构构件，如吊车梁、桥梁等。

(5) 装配性能好。钢结构主要通过螺栓连接或焊接组装，组成工艺简单、成熟，建筑中通常可以将一个较大的特殊形状建筑分割成多个部分，在施工现场进行快速组装，而不需过多地考虑施工过程中的受力问题，从而能造出造型奇特、外形美观的建筑，如 2010 年上海世博会西班牙馆、芬兰馆等。

(6) 施工速度快。钢结构一般是由各种钢构件通过施工现场进行螺栓连接或焊接组成的，这些钢构件一般是在钢结构加工厂进行集中加工，检验合格后批量运至施工现场进行组装，组装之后即可形成结构，这与混凝土结构需要现场搭设脚手架、制作安装模板、浇筑混凝土相比，施工速度更快，工程质量更有保障。例如，位于湖南长沙的远大公司宾馆，其地面以上 15 层钢结构主体仅用 46 个小时即安装完成。钢结构还具有现场占地小、污染小、便于拆除和搬迁等优势。

(7) 密闭性能好。钢结构的材料均匀、致密、工艺成熟，不论是焊接、铆接或螺栓连接，钢结构都可以做成毫不渗漏或密闭构件，因此在工业建筑中，常用的容器、管道等常常选择采用钢结构来制作。

0.2.2　钢结构的缺点

(1) 防火性能差。实验证明，钢材从常温到 200℃之间，性能变化不大；超过 200℃

后，强度和塑性都发生较大的变化；温度达到600℃时，钢材强度基本降至为零，几乎失去承载力，不再适合承受荷载。典型的例子如美国“911 事件”，纽约世界贸易中心在遭受恐怖分子驾驶飞机撞击后失火，钢结构主体在高温下软化，失去承载力，仅几十分钟，两栋摩天大楼便相继倒塌。

我国《钢结构设计规范》(GB50017—2003)第 8.9.5 条规定：当结构的表面长期受辐射热达 150℃以上或短时间内可能受到火焰作用时，应采取有效的防护措施(如加隔热层或水套等)。

目前，最常用的防护措施有两种：对于长期处于高温车间的钢结构，主要采取的方法是用保温砖将钢结构构件包裹起来，从而达到隔热的作用，避免钢结构构件表面温度超过150℃；对于钢结构构件有可能遭受火灾侵害的，主要采用防火涂层进行保护。当然，也有采用高性能耐火耐候建筑钢材进行防火防热，或对钢结构建筑内部增加自动喷淋装置进行防火等措施。

(2)耐腐蚀性能差。钢材在湿度大或有侵蚀介质的环境中易锈蚀，钢构件锈蚀后界面不断削弱，使结构受损，影响结构使用年限，因此，为了保证钢结构的有效使用年限，必须对其进行有效的防护，并进行定期维护。目前，钢结构的防护主要采取表面涂刷高效能防锈漆或表面镀锌等措施，一般正常使用寿命达 20 年，相对来说，在钢结构表面涂刷高效能防锈漆价格比较低廉，受到更广泛的应用。但是无论何种防护措施，其使用寿命都无法和钢结构自身的使用年限相比，所以钢结构必须定期进行检查，并对受损的防护措施进行修复。

0.2.3 钢结构的应用

(1)轻型钢结构。钢结构由于具备轻质高强、材质均匀等特点，特别适合建造跨度大、荷载小的轻型钢结构建筑。目前应用最广泛的轻型钢结构建筑是门式钢架结构、网架结构和管桁架结构，该类结构具有跨度大、自重小、工期短、造价低等优点，经常用于建造轻型钢结构厂房、展览馆、体育馆等。

(2)高层或超高层建筑。在我国，一般将结构高度大于 28m 或层数超过十层的建筑称为高层建筑，建筑高度大于等于 100m 的民用建筑称为超高层建筑。钢结构由于具备轻质高强、材质均匀、抗震性能好等特点，特别适合建造高度特别大的建筑物。前面已经提到，世界上最高的建筑都是钢结构建筑，甚至高度超过 200m 的房屋就必须采用钢结构来建造。钢结构高层建筑具有自重小、抗震性能好、施工速度快、投资回收期短的优势。

(3)大跨度的建筑部件或构件。受弯构件的剪力一般与跨度的 1 次方成正比例，弯矩与跨度的 2 次方成正比例，挠度与跨度的 4 次方成正比例，与受弯构件的截面高度成反比。建筑部件或构件的跨度越大、满足强度和变形要求时所需要的截面高度就越大，当受弯构件的跨度超过一定数值时，混凝土结构就会因为自重较大，无法承受自重所造成的内力和变形，所以混凝土结构无法建造跨度太大的构件或部件。而钢结构由于具有轻质高强、装配性能好的特点，可以通过组装成空腹式桁架(图 0.5)、网架结构，用较小的自重就可以组装出较大的截面高度，满足强度和变形要求。如果用钢构件组装成空间网壳结构，其能够满足的跨度将更大，如中国国家大剧院。

(4)受动力荷载的建筑结构部件。由于钢材的材质均匀、韧性好、抗疲劳性能好，大

图0.5　管桁架结构

型桥式吊车的吊车梁宜采用钢结构，一般重级工作制吊车的吊车梁，都是采用钢结构。钢结构吊车梁在受到吊车的反复荷载作用时，只要吊车梁边缘不发生屈服，且应力幅不大，吊车梁一般能承受数万次的吊车反复碾压。

(5)重型工业厂房。对于厂房跨度较大或吊车吨位较大、吊车工作制级别较高的厂房，称为重型工业厂房。上面提到，钢结构适宜于建造跨度大和受动力荷载的房屋，针对于重型工业厂房的特点，采用钢结构进行建造无疑是最合适的，我国早期建造的许多重型工业厂房(湖北武钢一米七轧钢厂房等)。

(6)管道和容器。因钢结构具有密闭性能好、施工速度快的优点，大多数油罐(图0.6)、高压气罐(图0.7)、管道、锅炉均采用钢结构建造。

图0.6　大型储油罐

图0.7　大型储气罐

(7)可拆卸和移动的建筑。流动式展览馆、活动工棚(图0.8)，临时建筑，由于其使用地点经常变化，特别适合于采用钢结构建造。此类建筑采用钢结构时，具有易于拆卸、搬迁、组装的优点，且其搬迁所产生的费用和所造成的损失也相对较小。

(8)工期短的建筑。在建筑行业中，质量好、造价低、速度快是非常具有竞争优势的，钢结构由于具有施工速度快的优势，在很多建筑中都优先采用。如穿过公路的天桥，

图0.8 钢结构工棚

城市中心的高楼、投资回收期较短的工业建筑，都会因为缩短工期而产生巨大的经济效益和社会效益。

0.3 钢结构的主要结构类型

在前文中提到，建筑结构是指在建筑物(或构筑物)中，承受各种荷载或者作用，起骨架作用的空间受力体系。在钢结构中，建筑物的骨架全部或主要由钢材制作，由于建筑结构构件之间的连接方式不同，钢结构也可分为不同的结构类型，如框架结构、门式钢架结构、网架结构、管桁架结构等。不同的结构类型有其自身的特长及适用范围，如框架结构适用于多高层小跨度房屋，门式钢架结构适用于单层大跨度房屋。下面将介绍目前钢结构建筑市场中常用的结构类型。

0.3.1 框架结构

(1)框架结构的组成。框架结构主要由楼(屋)面板、框架梁、框架柱及支撑组成(图0.9)。框架梁与框架柱以刚接的方式进行组装，可有效减小框架梁的跨中设计弯矩，从而减小框架梁的截面，同时，框架梁与框架柱的刚接也有利于框架整体抵抗水平荷载的作用，框架结构层数较高时，可适当增加中心支撑或偏心支撑提高其抗水平荷载的能力。框架结构的楼板可采用钢筋混凝土预制板、钢筋混凝土现浇板或带肋钢板；墙体可采用轻质保温夹心钢板或轻质砌块；屋面板可采用钢筋混凝土现浇板或钢筋混凝土预制板组成的无檩屋盖，或由檩条、组成的有檩屋盖，当采用钢筋混凝土板时，应做保温层、防水层，当采用夹心钢板时，可通过夹心钢板内自带的保温层，并通过屋面起坡方式防水。

(2)框架结构的适用范围。框架结构由于可建造高度较大，柱距、跨度较小，一般用于办公楼、住宅楼，也可用于跨度较小的展示馆、商业中心。

0.3.2 门式刚架结构

(1)门式刚架结构的组成。门式刚架结构一般主要由刚架柱、刚架梁、檩条、屋面

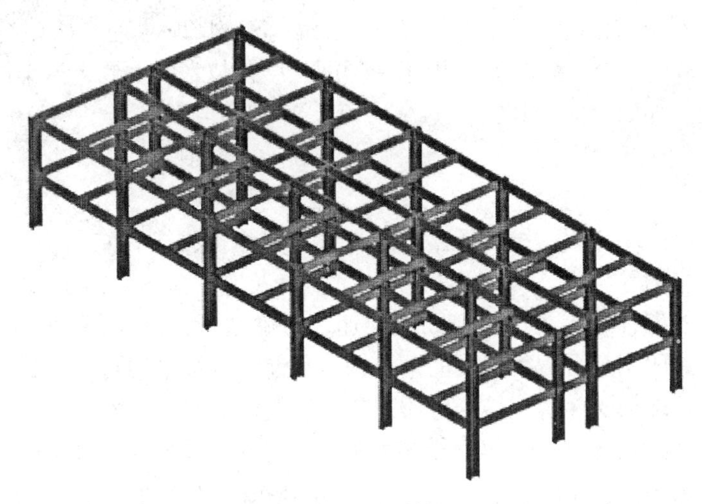

图 0.9　框架结构

板、墙面板、各种支撑、系杆、吊车梁等组成。刚架柱与刚架梁以刚接的方式进行连接，刚架柱与基础可采用刚接或铰接的方式进行连接。此种连接方式一方面具有抵抗竖向荷载和水平荷载的优势，另一方面由于刚架柱与基础铰接，使得门式刚架受地基沉降不均匀的影响较小，特别适用于大跨度建筑。

(2)门式刚架结构的适用范围。门式刚架结构由于适用跨度大，主要用于大跨度厂房、仓库、机库等，目前钢结构建筑市场中绝大部分轻型工业厂房采用的是门式刚架结构。

0.3.3　网架结构

(1)网架结构的组成。门式刚架结构主要由节点球、网架杆组成。节点球与多个网架杆以铰接的方式进行连接，形成空间结构，网架结构根据外形不同，可分为双层的板形网架结构(图 0.10)、单层和双层的壳形网架结构(图 0.11)。网架结构中的网架杆由于两端铰接，是典型的二力杆，只承受拉力或压力，杆内不应该出现弯矩、剪力或扭矩，故网架结构应力发挥比较充分，钢材利用率高，可建造出较大跨度的屋盖，且自重小、造价低。

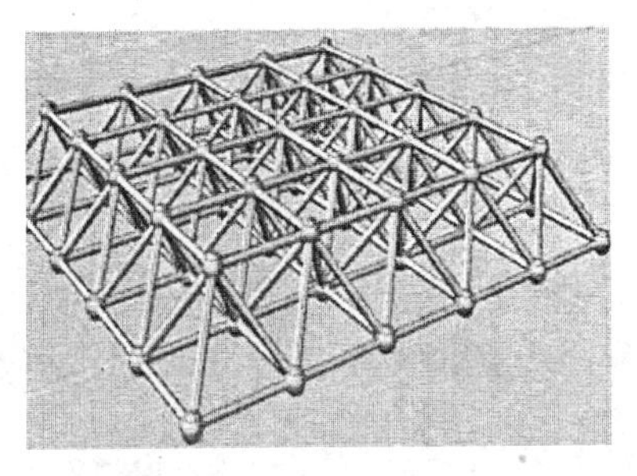

图 0.10　板形网架结构

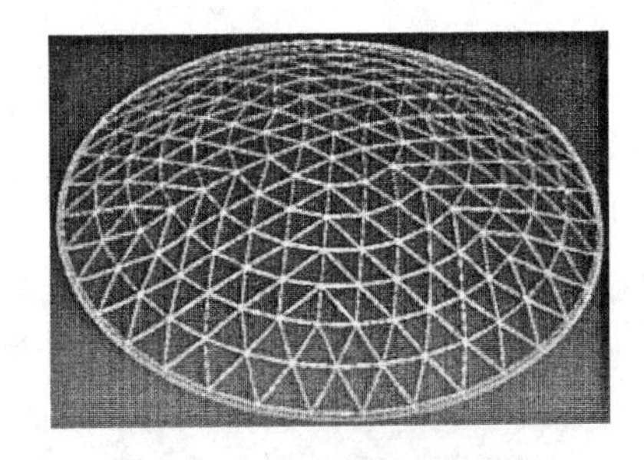

图 0.11　单层壳形网架结构

(2)网架结构的适用范围。网架结构自重小、造价低，可建造超大跨度，但能承受的外荷载较小，故网架结构适用于建造大跨度屋面系统。如20世纪初大量建造的加油站大多采用网架结构作为屋面，近年来，由于壳形网架结构技术的发展，网架结构更多用于超大跨度公用建筑，如国家大剧院。

0.3.4 其他

钢结构除了以上所介绍的结构类型之外，还可以组成很多种结构类型，如桁架结构、排架结构、索膜结构等。

掌握钢结构的各种结构类型，有助于快速、正确地识读、理解图纸，更好地指导施工，除了以上提到的完全由钢材组成的钢结构，目前还有很多钢材与混凝土材料共同组成的混合结构，混合结构既具备钢结构轻质高强、抗震性能好、装配性好等优点，又避免了钢结构稳定性不足的缺点，是目前钢结构发展的一个分支方向，混合结构可以组成框架-抗震墙结构、框架-筒体结构等，此类结构适宜于建造超高层建筑，比完全由钢材组成的钢结构具有更大的刚度，在水平荷载下其水平变形更小，结构的适用性更好。

0.4 钢结构工程施工的学习方法

在钢结构工程施工的学习中，必须掌握正确的学习方法，从而提高学习效率。理论知识一般都是从工程实践中归纳而成的，理论知识虽然学习速度快、涉及知识面广、学习成本低，但是学生往往理解、掌握的程度较低，达不到掌握关键技能的目的，为了较好地掌握关键技能，就必须进行实践学习，但是实践学习往往学习的速度较慢，在有限的时间内不能涉及必需的知识面。所以在学习钢结构工程施工的过程中，必须理论学习和实践学习相结合，通过理论学习掌握或了解钢结构工程施工的基本流程和关键岗位，通过实践学习重点掌握一项或多项关键岗位的关键技能。

本书主要从钢结构工程的识图、详图深化设计、构件制作、构件运输、安装等方面对钢结构工程的主要施工内容进行阐述，对关键岗位的关键技能均做出了重点描述，并提出了实践教学建议。读者在学习钢结构工程施工时宜先了解钢结构工程施工的主要流程、各关键岗位的工作职能与工作职责，然后选择自己感兴趣的关键岗位的关键技能进行重点训练。当然，在关键岗位的关键技能学习时，读者如能在相关专业技术人员的指导下进行，或配合参考相关规范、图书，必能起到更好的效果。

☞课后拓展

1. 利用因特网登录人才招聘网站，搜索钢结构方面的就业岗位，并说说这些岗位对应聘人员的技能要求有哪些。

2. 通过图书馆、因特网等方式查阅相关资料，解释什么叫做结构类型。

3. 通过图书馆、因特网等方式查阅相关资料，列举出3种不同结构类型的著名钢结构建筑，并谈谈自己对于钢结构建筑发展的看法。

第1章　钢结构材料

☞**主要内容：**建筑钢材的选用、钢材的品种及规格、焊接材料。
☞**对应岗位：**材料采购、材料保管、构件加工。
☞**关键技能：**材料识别、材料检测。

钢结构的材料不仅密切关系到钢结构的计算理论，同时还与钢结构的制造、安装、使用、造价、安全等均有直接联系。所以，本章主要内容是学习钢结构的基础。学习时，应全面了解钢材的性能，从而做到能正确选用钢材，并防止脆性破坏的产生。

1.1　建筑钢材的选用

1.1.1　钢材的性能

钢材的性能通常用强度、塑性及韧性、Z 向性能和可焊性表述。专用钢材则另外附加其他特种性能，如耐火、耐候性能等。

1. 钢材的强度

钢材的拉伸试验是用规定形式和尺寸的标准试件，在常温 20±5℃的条件下，按规定的加载速度在拉力试验机上进行，用 x-y 函数记录仪记录试件的应力-应变曲线。图 1.1 所示为 Q235 钢的典型应力-应变曲线，分为 5 个工作阶段：

(1)弹性阶段：图 1.1 中 OB 段，应力与应变呈线性关系，$\sigma=E\varepsilon$。该阶段卸荷后，变形可恢复，称弹性变形。

(2)弹塑性阶段：图 1.1 中 BC 段，应力与应变呈曲线关系，表明应变的增长比应力快，切线模量，即曲线上任一点的切线斜率，随应变增加而降低。钢材的变形包括卸荷后可恢复的弹性变形和不可恢复的塑性变形两部分。

(3)屈服阶段：图 1.1 中 CD 段，当应力越过 C 点后，钢材呈屈服状态，应力不增大，应变却持续增长，故曲线为一屈服平台，变形模量为零，表明钢材受力进入屈服阶段。曲线上 C_u 点的应力 f_{su} 称为上屈服点，该点处于不稳定状态 C 点的应力 f_y 称为下屈服点，为一较稳定的数值，故通常以 f_y 作为钢材的屈服点。此时若卸荷，则留有残余应变 ε_S 约为 0.2%。

(4)强化阶段：图 1.1 中 DG 段，钢材经屈服阶段的较大塑性变形，内部晶粒结构重新排列后，恢复重新承载的能力，曲线呈上升趋势，E 点达到最大应力值，该点应力 f_u 称为钢材的抗拉强度。

(5)颈缩阶段：图 1.1 中 GH 段，当试件应力达到 f_u 时，在最薄弱的截面处，急剧收

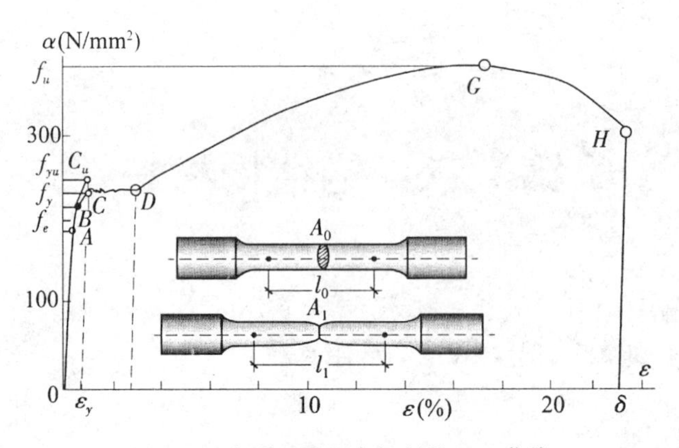

图 1.1　有明显屈服点钢材的 σ-ε 曲线

缩变细，称颈缩现象，试件伸长量 Δl 迅速增长，荷载下降，试件拉断。试件拉断时的残余应变称为伸长率 δ，对于 Q235 钢，$\delta \geqslant 26\%$。

以上五个阶段是低碳钢单向拉伸试验 ε-σ 曲线的典型特征，说明低碳钢具有理想的弹塑性性能。对于高强度钢材单向拉伸试验的 ε-σ 曲线，则无明显的屈服阶段。

在工程中，钢材的破坏形式可表现出两种：一种呈塑性破坏；另一种则呈脆性破坏。

塑性破坏，也称延性破坏，是指构件在破坏前有较大的塑性变形，吸收较大的能量，从发生变形到最后破坏要持续较长的时间，易于发现和补救，即给人以警告。钢材塑性破坏时，断口呈纤维状，色泽发暗。前述低碳钢在常温下单向均匀拉伸作用下的破坏，属于典型的塑性破坏。

脆性破坏是指构件在破坏前变形很小，没有预兆，突然发生，断口平直，呈有光泽的晶粒状。脆性破坏比塑性破坏造成的危害和损失要大得多，故应采取适当措施，避免发生。

钢材的抗拉强度 f_u 是钢材抗破坏能力的极限。抗拉强度 f_u 是钢材塑性变形很大且将破坏时的强度，此时已无安全储备，只能作为衡量钢材强度的一个指标。

钢材的屈服点与抗拉强度之比 f_y/f_u 称屈强比，它是表明设计强度储备的一项重要指标，f_y/f_u 比值越大，强度储备越小，不够安全；反之，f_y/f_u 比值越小，强度储备越大，结构安全，强度利用率低且不经济。因此，设计中要选定适当的屈强比。

2. 钢材的塑性

塑性是指钢材破坏前产生塑性变形的能力，可由静力拉伸试验得到的力学性能指标伸长率 δ 和截面收缩率 Ψ 来衡量。δ 和 Ψ 数值越大，表明钢材塑性越好。

伸长率 δ 等于试件拉断后的原标距的塑性变形（即伸长值）和原标距的比值，以百分数表示，即

$$\delta=\frac{l_1\ l_0}{l_0} \tag{1.1}$$

式中，l_0 为试件原标距长度；l_1 为试件拉断后标距的长度。

截面收缩率 Ψ 等于颈缩断口处截面面积的缩减值与原截面面积的比值，以百分数表示，即

$$\Psi=\frac{A_0-A_1}{A_0}\times100\% \tag{1.2}$$

式中，A_0 为试件原截面面积；A_1 为颈缩断口处截面面积。

3. 钢材的韧性

钢材的韧性用冲击试验确定，它是衡量钢材在冲击荷载(动力)作用下抵抗脆性破坏的力学性能指标。

钢材的脆断常从裂纹和缺口等应力集中和三向受拉应力处产生，故为了具有代表性，冲击试验一般采用截面为 10mm×10mm、长为 55mm 且中间开有 V 形缺口的试件，放在冲击试验机上用摆锤击断(图 1.2)，并得出其吸收(消耗)的冲击功 A_{KV}(单位：J)，以作为冲击韧性指标。A_{KV}值越大，则钢材的韧性越好。

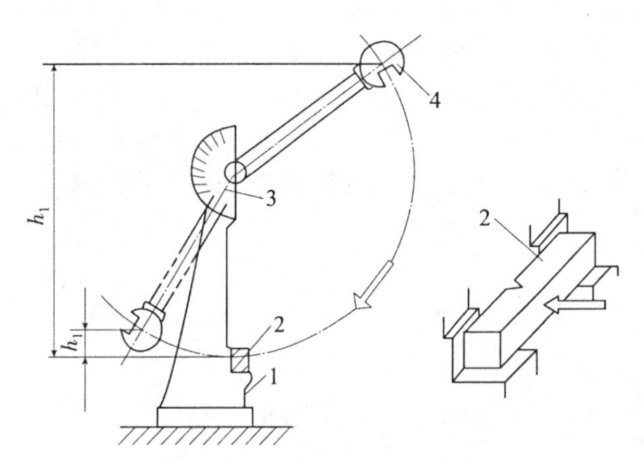

1—固定支架；2—带缺口试样；3—指针；4—摆锤

图 1.2　冲击试验

冲击韧性除与钢材的质量密切相关外，还与钢材的轧制方向有关。由于顺着轧制方向(纵向)的内部组织较好，故在这个方向切取的试件冲击韧性值较高，横向则较低。目前钢材标准规定按纵向采用。

冲击韧性值还与温度、特别是负温有关。当达到一定负温时，冲击韧性急剧降低。故钢材的冲击韧性根据钢材质量等级的不同，有 20℃(常温)、0℃、-20℃和-40℃等不同指标。

4. Z 向性能

当钢材较厚或承受沿厚度方向的拉力时，要求钢材具有板厚方向收缩率要求，以防止厚度方向的分层、撕裂。

5. 钢材的可焊性能

钢结构的制作和安装现在几乎全部采用焊接。因此，钢材是否具备可焊性能，是其能否应用的重要条件。

钢材的焊接是将焊缝及其附近母材金属经升温熔化，然后再冷却凝结成一体的过程。钢材的可焊性则是指在一定的焊接工艺条件下，所施焊的焊缝熔敷金属和母材金属均不产生裂纹，且焊接接头的力学性能不低于母材的力学性能。

影响钢材可焊性的因素很多，除钢材品种(属非合金钢还是低合金钢、合金钢)、化学成分(碳、锰含量高低及合金元素成分，有害元素硫、磷的含量等)及规格(属厚板还是薄板)等自身因素外，还与节点复杂程度(属简单对接还是复杂节点)、约束程度(焊缝能不能自由收缩)、焊接的环境温度(属常温还是负温)、焊接材料(焊条、焊剂等是否与母材匹配等)和焊接工艺(焊接方法、坡口形式和尺寸、焊前预热和焊后热处理等)等众多外在因素有关。因此，钢材的可焊性优劣应根据上述各种因素对焊接难易的影响程度进行区分。易焊钢材的可焊性好；反之，难焊钢材的可焊性差。

由于钢材的可焊性涉及较多因素，故对可焊性较差的较难焊钢材采用合理的焊缝构造和有针对性的工艺措施，使其达到良好的焊接质量；反之，对可焊性好的易焊钢材，若焊缝构造和工艺措施不当，则焊接质量也有可能达不到要求。

6. 钢材的冷弯性能(工艺性能)

钢材的冷弯性能是衡量钢材在常温下弯曲加工产生塑性变形时，对产生裂纹的抵抗能力的一项指标。图 1.3 是冷弯试验示意图，标准试件厚度为 a，放置在冷弯机辊轴上，用弯心直径为 d 的冲头对试件中部加压，当试件弯曲一定角度 α(一般 $\alpha=180°$)时，检查弯曲部分外侧，如无裂纹、分层现象，则认为钢材冷弯试验性能合格。

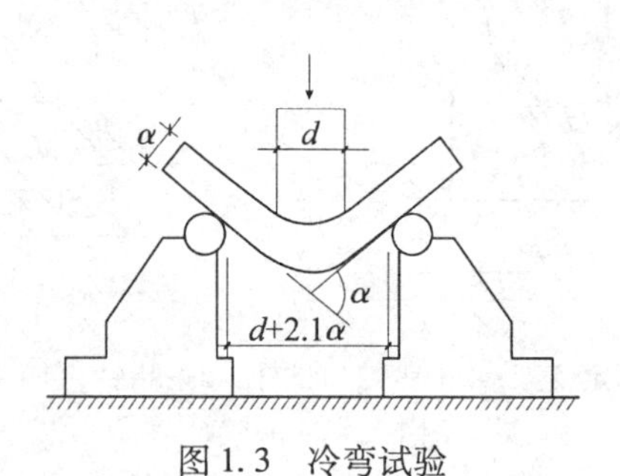

图 1.3　冷弯试验

冷弯试验是检查钢材是否适合冷加工能力和显示钢材内部缺陷状况的指标，也是考察钢材在复杂应力状态(弯曲、挤压和剪切等)下发展塑性变形能力的一项指标。

7. 钢材的耐火、耐候性能

耐火、耐候性能是某些专用钢材所具有的附加性能。

1)耐火性能

对建筑钢材的耐火性能要求，不同于对耐热钢(用于工业生产)有长时间高温强度的要求，它只需满足在一定高温下，保持结构在一定时间内不致垮塌，以保证人员和重要物资安全撤离火灾现场。因此，它不需要在钢中添加大量贵重的耐热性高的合金元素(如铬、钼)，而只需添加少量较便宜的合金元素，即可具备一定的耐火性能。

耐火钢一般是在低碳钢或低合金钢中添加 V(钒)、Ti(钛)、Nb(铌)合金元素，组成 Nb-V-Ti 合金体系，或再加少量 Or(铬)、Mo(钼)合金元素。

具有耐火性能的钢材可根据防火要求的需要，不用或减薄防火涂料，故有良好的经济效果，且可加大使用空间。

2)耐候性能

在自然环境下，普通钢材每 5 年的腐蚀厚度可达 0.1 ~ 1mm。若处于腐蚀气体环境，则更为严重。

对建筑钢材的耐候性能要求，不需要像对不锈钢那样的高要求，它只需满足在自然环境下可裸露使用(如输电铁塔等)，其耐候性提高到普通钢材的6~8倍，即可获得良好效果。

耐候钢一般是在低碳钢或低合金钢中添加合金元素，如Cu、P、Cr、Ni等，以提高抗腐蚀性能。在大气作用下，耐候钢表面可形成致密的稳定锈层，以阻绝氧气和水的渗入而产生的电化学腐蚀过程。若在耐候钢上再涂装防腐涂料，其使用年限将远高于一般钢材。

钢材还可在钢厂将其表面镀锌或镀铝锌，然后再在上面辊涂彩色聚酯类涂料，以使其具有优良的耐候性能，但这种工艺只能生产彩涂薄钢板。

从以上关于钢材的耐火、耐候性能的叙述中可见，为取得这些性能，一般均是在低碳钢或低合金钢中添加与其相关的合金元素，且添加的某些合金元素可综合提高数种性能(包括力学性能、Z向性能和可焊性能)。因此，这类钢种可兼具一定的耐火、耐候和Z向性能。

1.1.2 钢材的选用和保证措施

1. 选用的原则

承重钢结构钢材的选用原则是：保证结构安全可靠，符合使用要求，尽可能地节省钢材和降低工程造价。具体来说，应满足下列要求：

(1)结构的重要性。根据建筑结构的重要程度和安全等级选择相应的钢材等级。

(2)荷载特性。根据荷载的性质不同(静力或动力)选用适当的钢材，经常作用还是偶然作用，满载还是不满载等情况。同时提出必要的质量保证措施。

(3)连接方式。焊接连接时要求所用钢材的碳、硫、磷及其他有害化学元素的含量应较低，塑性和韧性指标要高，焊接性能要好。对非焊接连接的结构可适当降低。

(4)结构工作的温度环境。对低温下工作的结构，尤其焊接结构，应选用有良好抗低温脆断性能的镇静钢。

(5)钢材厚度。厚度大的钢材性能较差，应采用满足设计要求的钢材。

2. 钢结构对钢材的要求

作为钢结构的钢材，必须具备下列性能：

(1)较高的强度。屈服点f_y较高，可减小构件截面，减轻自重；抗拉强度f_u高，则可增加结构构件的安全保障。

(2)足够的变形能力。塑性、韧性好。

(3)良好的加工性能。适合冷、热加工和良好的焊接性能。

3. 钢材的选用和保证项目

1)建筑结构钢材的选用

钢材的选用是指确定钢材牌号，包括钢种、冶炼方法、脱氧方法、质量等级等，以及提出应有的力学性能和化学成分的保证项目。

(1)一般结构多选用碳素结构钢 Q235-$F_{钢}$；大跨度或荷载重，尤其是低温工作环境以及承受较大动力荷载的结构，宜采用强度高、冲击韧性好的低合金钢 Q345 或 Q390 钢。若动力荷载很大，则可选用 16Mnq 钢或 15MnVq 钢。

(2)平炉钢和氧气转炉钢两者质量相当，订货和设计时不加区别，由钢厂决定。

(3)钢材出厂最少应具有f_y、f_u、δ_5 三项力学性能和硫、磷含量两项化学成分的合格保证；焊接结构还应有碳含量的合格保证。

(4)对于较大跨度的桁架、柱、托架等构件以及承受直接动力荷载的桥式起重机梁、储罐等，还要有冷弯试验的合格保证。

(5)对于重级工作制桥式起重机和起重量大于 50t 的中级工作制桥式起重机的桥式起重机梁或类似构件，应具有常温(20℃)冲击韧性的合格保证。冬季温度较低时，还要根据环境温度环境要求，有 0℃、-20℃、-40℃的低温冲击韧性的合格保证。

2)结构钢材的实际供应与选用。

(1)普通碳素钢材的选用和保证项目如下：

Q235-AF 为非焊接一般结构用钢，保证项目应考虑f_y、f_u、δ_5 的最基本要求；Q235-BF 为静载或非直接动载下常用焊接钢结构用钢，应考虑f_y、f_u、δ_5 及冷弯试验等保证项目，且厚度≤25mm；当厚度>25mm 时，宜采用 Q235-B 钢或 Q235-Bb 钢；Q235-BZ 钢为常温动载下焊接钢结构用钢，除上述保证项目外，尚应增加 20℃时冲击韧性项目。

Q235-CZ 钢、Q235-DZ 钢为低温动载下焊接钢结构用钢，保证项目应增加 0℃、-20℃冲击韧性条件。

(2)低合金钢的选用和保证项目如下：

选用低合金结构钢，可用 Q345 钢或 Q390 钢。必要时，可用 16Mnq 钢或 15MnVq 钢，这些均为镇静钢或特殊镇静钢。其保证项目，实际供应时应包括f_y、f_u、δ_5 和冷弯四项力学性能和碳、硫、磷三项化学成分。根据使用温度、环境，可提出常温冲击韧性(20℃、-40℃)的附加交货条件。

4. 钢材的技术标准

国家标准中规定了各种钢号钢材的技术标准，包括力学性能和化学成分的各项指标作为钢材出厂合格与否的标准限值。每批钢材做规定数量的各种试验，达不到限值标准即为整批不合格。这些标准限值有时称为废品极限值。如国家规定厚度小于 16mm 的 Q235 钢、Q345 钢、Q390 钢的屈服强度(屈服点)的最低限值为 $f_y=235$MPa、345MPa、390MPa。钢结构设计规范规定，上述f_y 作为设计时钢材屈服强度标准值，简称为屈服强度。

1.2 钢材的品种及规格

钢结构采用的钢材品种主要为热轧钢板、钢带和型钢以及冷轧钢板、钢带和冷弯薄壁型钢及压型板。

1.2.1　钢板和钢带(或称带钢)

钢板和钢带分热轧和冷轧两种，其规格用符号"—宽度×厚度×长度"的毫米数表示。如：—300×10×3000 表示宽度为 300mm，厚度为 10mm，长度为 3000mm 的钢板或钢带。厚钢带可直接用于焊接 H 型钢的翼缘或腹板和焊接钢管，而薄钢带可用于冷弯薄壁型钢结构。

热轧钢板：厚度为 0.5～200mm，宽度为 600～2000mm，长度为 1200～6000mm。

热轧钢带：厚度为 1.2～25mm，宽度为 120～1900mm，长度为 1200～6000mm 或卷板(对薄钢带)。

冷轧钢板：厚度为 0.2～5mm，宽度为 600～2000mm，长度为 1200～2300mm。

冷轧钢带：厚度为 0.2～5mm，宽度>600mm，卷板。

1.2.2　热轧型钢

常用的热轧型钢有 H 型钢、T 型钢、工字钢、槽钢、角钢和钢管(图 1.4)。

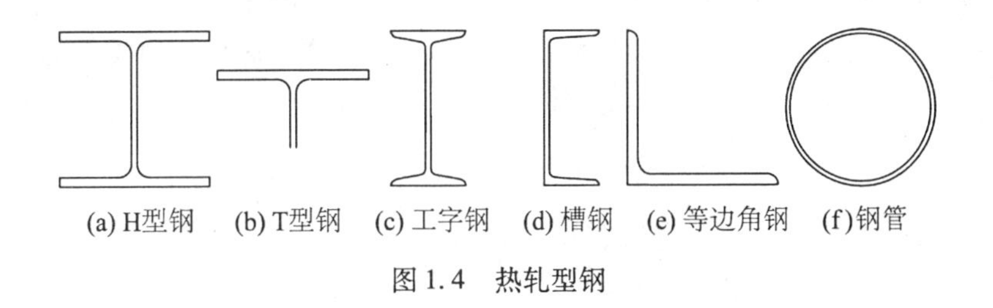

(a) H型钢　(b) T型钢　(c) 工字钢　(d) 槽钢　(e) 等边角钢　(f) 钢管

图 1.4　热轧型钢

H 型钢和 T 型钢(全称为剖分 T 型钢，因其由 H 型钢对半分割而成)是近年来我国广泛应用的热轧型钢，其新国标为《热轧 H 型钢和剖分 T 型钢》(GB/T11263—2005)。H 型钢和 T 型钢的截面形状较之于传统型钢(工字钢、槽钢、角钢)合理，能使钢材更高地发挥效能，且其内、外表面平行，便于与其他构件连接，因此只需少量加工，便可直接用做柱、梁和屋架杆件。H 型钢和 T 型钢均分为宽、中、窄三种类别，而 H 型钢还增列有轻型类别，其代号分别为 HW、HM、HN、HT。

工字钢、槽钢、角钢为用于钢结构的传统热轧型钢，至今已有百余年历史，其新国标为 2008 年 8 月 19 日发布，2009 年 4 月 1 日实施的《热轧型钢》(GB/T706—2008)。

工字钢型号用符号"I"及号数表示，号数代表截面高度的厘米数。20 号和 32 号以上的工字钢，同一号数中又分 a、b 和 a、b、c 类型，b 型和 c 型腹板厚度和翼缘宽度较 a 型按 2mm 递增。如"I36a"表示截面高度为 360mm、腹板厚度为 a 类的工字钢。工字钢宜尽量选用腹板厚度最薄的 a 类，因为它质量轻，而截面惯性矩相对却较大。我国生产的最大工字钢为 63 号，长度为 5～19m。工字钢由于宽度方向的惯性矩和回转半径比高度方向的小得多，因而在应用上有一定的局限性，一般宜用于单向受弯构件。

槽钢型号用符号"["及号数表示，号数也代表截面高度的厘米数。14 号和 24 号以上的槽钢，同一号数中又分 a、b 和 a、b、c 类型，b 型和 c 型腹板厚度和翼缘宽度较 a 型按

2mm 递增。如“[36a”表示截面高度为 360mm、腹板厚度为 a 类的槽钢。我国生产的最大槽钢为 40 号，长度为 5 ~ 19m。

角钢分等边角钢和不等边角钢两种。等边角钢的型号用符号“L”和“肢宽×肢厚”的毫米数表示，如“L100×10”表示肢宽 100mm、肢厚 10mm 的等边角钢。不等边角钢的型号用符号“L”和长肢宽×短肢宽×肢厚的毫米数表示。如“L100×80×8”表示长肢宽 100mm、短肢宽 80mm、肢厚 8mm 的不等边角钢。我国目前生产的最大等边角钢的肢宽为 250mm，最大不等边角钢的两个肢宽为 200mm×125mm。角钢的长度一般为 3 ~ 19m。

钢管分焊接钢管和无缝钢管两种，型号用“ϕ”和外径×壁厚的毫米数表示，如“ϕ219×14”表示外径 219mm、壁厚 14mm 的钢管。我国生产的最大无缝钢管为 ϕ1016×120，最大焊接钢管为 ϕ2540×65。

1.2.3 冷弯型钢和压型钢板

建筑中使用的冷弯型钢常用厚度为 1.5 ~ 5mm 的薄钢板或钢带经冷轧(弯)或模压而成，故也称冷弯薄壁型钢(图 1.5)。另外，还有用厚钢板(厚度大于 6mm)冷弯成的方管、矩形管、圆管等，称为冷弯厚壁型钢。压型钢板是冷弯型钢的另一种形式，它是用厚度为 0.3 ~ 2mm 的镀锌或镀铝锌钢板、彩色涂层钢板经冷轧(压)成的各种类型的波形板，图 1.6 所示为其中数种。冷弯型钢和压型钢板分别适用于轻钢结构的承重构件和屋面、墙面构件。

图 1.5 冷弯薄壁型钢

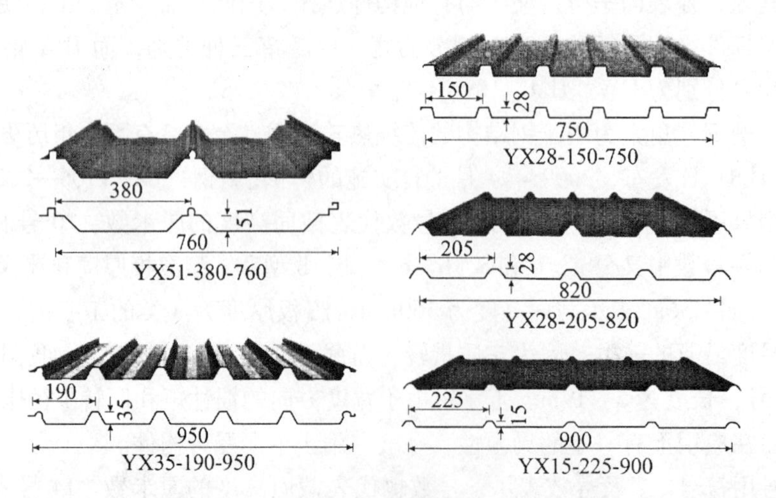

图 1.6 压型钢板

冷弯型钢和压型钢板都属于高效经济截面，它们由于壁薄、截面惯性矩大、刚度好外形美观，故能高效地发挥材料的作用，节约钢材。

1.3 焊接材料

1.3.1 焊条

涂有药皮的供焊条电弧焊用的熔化电极称为焊条。焊条电弧焊时，焊条既作为电极传导电流而产生电弧，为焊接提供所需热量；又在熔化后作为填充金属过渡到熔池，与熔化的焊件金属熔合，凝固后形成焊缝。

1. 焊条的组成

焊条是由焊芯与药皮两部分组成的，其构造如图 1.7 所示。

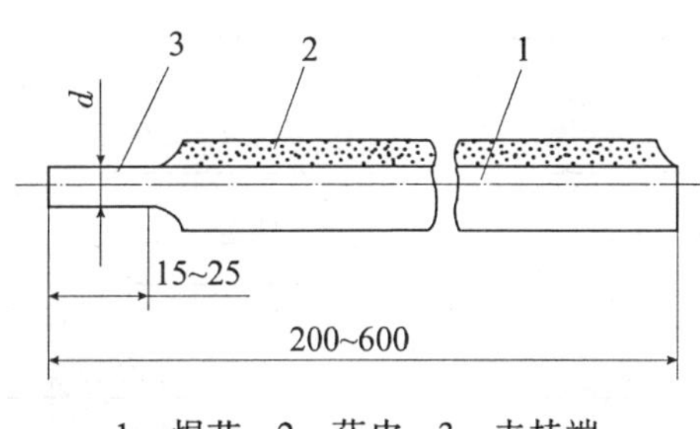

1—焊芯；2—药皮；3—夹持端

图 1.7　焊条组成(mm)

焊条前端药皮有 45°左右的倒角，以便于引弧；尾部的夹持端用于焊钳夹持并利于导电。焊条直径指的是焊芯直径，是焊条的重要尺寸，共有 ϕ1.6 ~ ϕ8 八种规格。焊条长度由焊条直径而定，在 200 ~ 650mm 之间。生产中应用最多的是 ϕ3.2mm、ϕ4mm、ϕ5mm 三种，长度分别为 350mm、400mm 和 450mm。

1) 焊芯

焊芯的主要作用是传导电流，维持电弧燃烧和熔化后作为填充金属进入焊缝。

焊条电弧焊时，焊芯在焊缝金属中占 50% ~ 70%。可以看出，焊芯的成分直接决定了焊缝的成分与性能。因此，焊芯用钢应是经过特殊冶炼，并单独规定牌号与技术条件的专用钢，通常称为焊条用钢。

焊条用钢的化学成分与普通钢的主要区别在于严格控制磷、硫杂质的含量，并限制碳含量，以提高焊缝金属的塑性、韧性，防止产生焊接缺陷。《焊接用钢盘条》(GB/T 3429—2002) 中规定了焊条用钢的牌号、化学成分等内容；《熔化焊用钢丝》(GB/T 14957—94) 中规定了焊丝的品种与技术条件。焊接用钢丝分为碳素结构钢、合金结构钢和不锈钢三类，共 44 个品种，见表 1.1。

表 1.1 **常用焊丝的牌号**

钢种	牌号	代号	钢种	牌号	代号
合金结构钢	焊 10 锰 2 焊 08 锰 2 硅 焊 10 锰硅 焊 08 锰钼高 焊 08 锰 2 钼钒高 焊 08 铬钼高	H10Mn2 H08Mn2Si H10MnSi H08MnMoA H08Mn2MoVA H08CrMoA	不锈钢	焊 1 铬 5 钼 焊 1 铬 13 焊 0 铬 19 镍 9 焊 0 铬 19 镍 9 钛 焊 1 铬 25 镍 13	HICr5Mo HICr13 HOCr19Ni9 HOCr19Ni9Ti HICr25Ni3
碳素结构钢	焊 08 焊 08 高 焊 08 锰 焊 15 高	H08 H08A H08Mn H15A	常用的碳钢与低合金钢焊条一般采用低碳钢焊丝做焊芯，分为 H08、H08A 和 H08E 三个质量等级。牌号中 H(读“焊”)表示焊条用钢，08 表示碳含量为 0.80%，A(高)、E(特)则表示不同的质量等级，三种焊丝的化学成分见表 1.2		

表 1.2 **低碳钢焊丝的化学成分(GB/T3429—2002)** (单位:%)

牌号	化学成分							
	C	Mn	S	P	Si	Cr	Ni	Cu
H08	≤0.10	0.30 ~ 0.55	≤0.040	≤0.040	≤0.030	≤0.20	≤0.030	≤0.20
H08A	≤0.10	0.30 ~ 0.55	≤0.030	≤0.030	≤0.030	≤0.20	≤0.030	≤0.20
H08E	≤0.10	0.30 ~ 0.55	≤0.025	≤0.030	≤0.030	≤0.20	≤0.030	≤0.20

2)药皮

焊条药皮是指压涂在焊芯表面上的涂料层。根据药皮组成物在焊接过程中所起的作用，可将其分为稳弧剂、脱氧剂、造渣剂、造气剂、合金剂、稀释剂、黏结剂与成形剂八类。

2. 焊条的分类、型号及牌号

焊条按用途分类，可分为碳钢焊条、低合金钢焊条、不锈钢焊条、堆焊焊条、铸铁焊条、镍及镍合金焊条、铜及铜合金焊条、铝及铝合金焊条、特殊用途焊条九种。

焊条型号是指国家标准中规定的焊条代号。

1)碳钢和低合金钢焊条型号

按《碳钢焊条》(GB/T5117—1995)、《低合金钢焊条》(GB/T5118—1995)规定，碳钢焊条的型号根据熔敷金属的抗拉强度、药皮类型、焊接位置和焊接电流种类划分，以字母 E 后加四位数字表示，即 E××××，见表 1.3 ~ 表 1.5。

表1.3 **碳钢和低合金钢焊条型号编制方法**

E	××	××	后缀字母	元素符号
焊条	熔敷金属抗拉强度最小值(MPa)	焊接电流的种类及药皮类型见表1.4	熔敷金属化学成分分类代号见表1.5	附加化学成分的元素符号
		“0”、“1”适用于全位置焊；“2”适用于平焊及平角焊；“4”适用于立向下焊		

表1.4 **碳钢和合金钢焊条型号的第三、四位数字组合的含义**

焊条型号	药皮类型	焊接位置	电流种类
E××00	特殊型	平、立、横、仰	交流或直流正、反接
E××01	钛铁矿型		
E××03	钛钙型		
E××10	高纤维钠型		直流反接
E××11	高纤维钾型		交流或直流反接
E××12	高钛钠型		交流或直流正接
E××13	高钛钾型		交流或直流正、反接
E××14	铁粉钛型		
E××15	低氢钠型		直流反接

焊条型号	药皮类型	焊接位置	电流种类
E××20 E××22	氧化铁型	平焊、平角焊	交流或直流正、反接
E××23	铁粉钛钙型		
E××24	铁粉钛型		
E××28 E××48	铁粉低氢型	平、立、横、仰	交流或直流反接
E××16 E××18	低氢钾型 铁粉低氢型	平、立、横、仰	交流或直流反接

表1.5 **焊条熔敷金属化学成分的分类**

焊条型号	分　类	焊条型号	分　类
E××××-Al	碳钼钢焊条	E××××-NM	镍钼钢焊条
E××××-Bl～5	铬钼钢焊条	E××××-Dl～3	锰钼钢焊条
E××××-Cl～3	镍钢焊条	E×××××-G、M、Ml、W	所有其他低合金钢焊条

完整的焊条型号举例见表1.6～表1.8。

表1.6 **E5015**

焊条型号	符号	意　　义
E5015	E	表示焊条
	50	表示熔敷金属的抗拉强度最小值为50MPa
	1	表示焊条适用于全位置焊接
	5	表示焊条药皮为低氢钠型，直流反接

表 1.7 E4303

焊条型号	符号	意　义
E4303	E	表示焊条
	43	表示熔敷金属的抗拉强度最小值(430MPa)
	0	表示焊条适用于全位置焊接
	3	表示焊条药皮为钛钙型，可采用交流或直流正接

表 1.8 E5515-B3-V-W-B

焊条型号	符号	意　义
E5515-B3-V-W-B	E	表示焊条
	55	表示熔敷金属的抗拉强度(550MPa)
	1	表示焊条适用于全位置焊接
	5	表示焊条药皮为低氢钠型，直流反接焊接
	B3	铬-钼钢焊条
	V	熔融金属中含有钒元素
	W	熔融金属中含有钨元素
	B	熔融金属中含有硼元素

2)焊条的牌号

焊条牌号是焊条生产厂家或有关部门对焊条的命名，因而编排规律不尽相同，但大多数是用在三位数字前面冠以代表厂家或用途的字母(或符号)表示。前面两位数字表示各大类中的若干小类，不同用途焊条的前两位数字表示的内容及编排规律不尽相同。第三位数表示焊条药皮的类型及焊接电流种类，适用于各种焊条，具体内容见表 1.9。

结构钢焊条是品种最多、应用最广的一大类焊条，其牌号编制方法是：前两位数字表示焊缝金属抗拉强度等级，从 42MPa 到 100MPa 共有 8 个等级。按照原国家机械委的规定，结构钢焊条在三位数字前冠以汉语拼音字母 J(结)。碳钢焊条即有 J422、J507、J427、J502 等牌号，而强度级别大于等于 55MPa/mm^2 的结构钢焊条不属于碳钢焊条。

表 1.9 焊条牌号中第三位数字的含义

焊条牌号	药皮类型	电流种类	焊条牌号	药皮类型	电流种类
□××0	不属已规定类型	不规定	□××3	钛铁矿型	交直流
□××1	氧化钛型	交直流	□××4	氧化铁型	交直流
□××2	钛钙型	交直流	□××5	纤维素型	交直流

续表

焊条牌号	药皮类型	电流种类	焊条牌号	药皮类型	电流种类
□××6	低氢钾型	交直流	□××8	石墨型	交直流
□××7	低氢钠型	直流	□××9	盐基型	直流

3)焊条选用原则

(1)等强度原则。对于承受静载或一般载荷的工件或结构，通常选用抗拉强度与母材相等的焊条。例如，20 钢抗拉强度在 400MPa 左右的钢可以选用 E43 系列的焊条。

(2)同等性能原则。在特殊环境下工作的结构，如要求耐磨、耐腐蚀、耐高温或低温等具有较高的力学性能，则应选用能保证熔敷金属的性能与母材相近或相近似的焊条。如焊接不锈钢时，应选用不锈钢焊条。

(3)等条件原则。根据工件或焊接结构的工作条件和特点选择焊条。如焊件需要受动载荷或冲击载荷的工件，应选用熔敷金属冲击韧性较高的低氢型碱性焊条；反之，焊一般结构时，应选用酸性焊条。

1.3.2 焊剂

埋弧焊时，能够熔化形成熔渣和气体，对熔化金属起保护作用并进行复杂的冶金反应的一种颗粒状物质称为焊剂。

1. 碳素钢埋弧焊用焊剂型号

按照《埋弧焊用碳钢焊丝和焊剂》(GB/T5293—1999)标准，焊剂的表示方法见表 1.10 ~ 表 1.12。

表 1.10 **F×1×2×3-H×××**

焊条型号	符号	意 义
F×1×2×3-H×××	F	焊剂
	×1	表示焊丝-焊剂组合的熔敷金属抗拉强度的最小值，见表 1.11
	×2	表示试件的处理状态，“A”表示焊态，“P”表示焊后热处理状态
	×3	表示熔敷金属冲击吸收功不小于 27J 时的最低试验温度，见表 1.12
	H×××	表示焊丝的牌号，焊丝的牌号按 GB/T14957-1994 规定

表 1.11 **熔敷金属拉伸试验结果(第一位数字“×1”含义)**

焊剂型号	抗拉强度(MPa)	屈服点(MPa)	伸长率(%)
F4×2×3-H×××	415 ~ 550	≥330	≥22
F5×2×3-H×××	480 ~ 650	≥400	≥22

表1.12 熔敷金属冲击试验结果(第三位数字"×3"含义)

焊剂型号	试验温度(℃)	冲击吸收功(J)
F×1×20-H×××	0	≥27
F×1×22-H×××	-20	
F×1×23-H×××	-30	
F×1×24-H×××	-40	
F×1×24-H×××	-50	
F×1×26-H×××	60	

例如，F5A4-H08MnA，表示这种埋弧焊焊剂采用H08MnA焊丝，按本标准所规定的焊接参数焊接试板，其试样状态为焊态时的焊缝金属抗拉强度为480～650MPa，屈服点不小于400MPa，伸长率不小于22%，在-40℃时熔敷金属冲击吸收功不小于27J。

2. 低合金钢埋弧焊用焊剂型号

按照《埋弧焊用低合金钢焊丝和焊剂》(GB/T 12470—2003)标准，焊剂的表示方法见表1.13～表1.16。

表1.13 **F××1×2×3-H×××**

焊条型号	符号	意　义
F××1×2×3-H×××	F	焊剂
	××1	表示焊丝-焊剂组合的熔敷金属抗拉强度的最小值，见表1.14
	×2	表示试件的处理状态，"A"表示焊态，"P"表示焊后热处理状态，见表1.15
	×3	表示熔敷金属冲击吸收功不小于27J时的最低试验温度，见表1.16
	H×××	表示焊丝的牌号，焊丝的牌号按GB/T14957—1994规定

表1.14 熔敷金属拉伸试验结果(第一位数字"××1"含义，表中单值均为最小值)

焊剂型号	抗拉强度(MPa)	屈服强度或屈服点(MPa)	伸长率(%)
F48×2×3-H×××	480～660	400	22
F55×2×3-H×××	550～770	470	20
F62×2×3-H×××	620～760	540	17
F69×2×3-H×××	690—830	610	16
F76×2×3-H×××	760～900	680	15
F83×2×3-H×××	830～970	740	14

表 1.15　　试样焊后的状态(第二位数字“×2”的含义)

焊剂型号	试样的状态
F××1A×3-H×××	焊态下测试的力学性能
F××1P×3-H×××	经热处理后测试的力学性能

表 1.16　　熔敷金属冲击试验结果(第三位数字“×3”的含义)

焊剂型号	试验温度(℃)	冲击吸收功(J)
F××1×20-H×××	0	≥27
F××1×22-H×××	-20	
F××1×23-H×××	-30	
F××1×24-H×××	-40	
F××1×25-H×××	-50	
F××1×26-H×××	-60	
F××1×27-H×××	-70	
F××1×210-H×××	-100	
F××1×2Z-H×××		不要求

3. 焊丝

H×××表示焊丝的牌号，焊丝的牌号按《熔化焊用钢丝》(GB/T14957—94)和《焊接用钢盘条》(GB/T3429—2002)的规定编制。如果需要标注熔敷金属中扩散氢含量时，可用后缀“H×”表示，见表 1.17。

表 1.17　　100g 熔敷金属中扩散氢含量

焊剂型号	扩散氢含量(mL/g)	焊剂型号	扩散氢含量(mL/g)
F××1×2×3-H×××-H16	16.0	F××1×2×3-H×××-H4	4.0
F××1×2×3-H×××-H8	8.0	F××1×2×3-H×××-H2	2.0

例如，F55A4-H08MnA 表示这种埋弧焊焊剂采用 H08MnA 焊丝按本标准所规定的焊接参数焊接试板，其试样状态为焊态时的焊缝金属抗拉强度为 550～770MPa，屈服点不小于 470MPa，伸长率不小于 20%，在-40～-100℃时熔敷金属冲击吸收功不小于 27J。

4. 焊剂的牌号

焊剂牌号是焊剂的商品代号，其编制方法与焊剂型号不同，焊剂牌号所表示的是焊剂中的主要化学成分。由于实际应用中熔炼焊剂使用较多，因此本节重点介绍熔炼焊剂牌号的表示方法，关于烧结焊剂的牌号请查阅相关资料。

熔炼焊剂牌号表示方法见表 1.18。

表 1.18

焊条型号	符号	意　义
HJ×1×2×3	HJ	表示“焊剂”两个汉字是拼音字母的第一个字母
	×1	表示焊剂中 MnO 的含量，见表 1.20
	×2	表示 SiO_2、CaF_2 的含量，见表 1.21
	×3	表示同一类型焊剂的不同牌号，按 0～9 顺序排列，当生产两种颗粒度的焊剂时，对细颗粒焊剂在其后面加×字

熔炼焊剂牌号举例见表 1.19～表 1.21。

表 1.19

焊条型号	符号	意　义
HJ431×	HJ	埋弧焊用熔炼焊剂
	4	表示高锰
	3	表示高硅低氟
	1	表示高锰高硅低氟焊剂一类中的序号
	×	表示细颗粒度

表 1.20　**熔炼焊剂牌号(第一个字母“×1”含义)**

牌号	焊剂类型	MnO 平均含量	牌号	焊剂类型	MnO 平均含量
HJ1××	无锰	<2%	HJ3××	中锰	15%～30%
HJ2××	低锰	2%～15%	HJ4××	高锰	>30%

表 1.21　**熔炼焊剂牌号(第二个字母“×2”含义)**

牌　号	焊剂类型	SiO_2、CaF_2 的平均含量
HJ×11×3	低硅低氟	SiO_2<10%　CaF_2<10%
HJ×12×3	中硅低氟	SiO_2≈10%～30%　CaF_2<10%
HJ×13×3	高硅低氟	SiO_2>30%　CaF_2<10%
HJ×14×3	低硅中氟	SiO_2<10%　CaF_2≈10%～30%
HJ×15×3	中硅中氟	SiO_2≈10%～30%　CaF_2≈10%～30%
HJ×16×3	高硅中氟	SiO_2>30%　CaF_2 10%～30%
HJ×17×3	低硅高氟	SiO_2<10%　CaF_2>30%
HJ×18×3	中硅高氟	SiO_2≈10%～30%　CaF_2>30%
HJ×19×3	待发展	

1.3.3 焊丝

1. 焊丝的分类

焊丝的分类方法很多，常用的分类方法如下：

(1)按被焊的材料性质分，有碳钢焊丝、低合金钢焊丝、不锈钢焊丝、铸铁焊丝和有色金属焊丝等。

(2)按使用的焊接工艺方法分，有埋弧焊用焊丝、气体保护焊用焊丝、电渣焊用焊丝、堆焊用焊丝和气焊用焊丝等。

(3)按不同的制造方法分，有实芯焊丝和药芯焊丝两大类。其中药芯焊丝又分为气保护焊丝和自保护焊丝两种。这里主要介绍实芯焊丝的型号、牌号表示方法。

2. 气体保护焊用碳钢、低合金钢焊丝(实芯)型号的表示方法

根据 GB/T8110—1995 标准，具体表示方法如下：

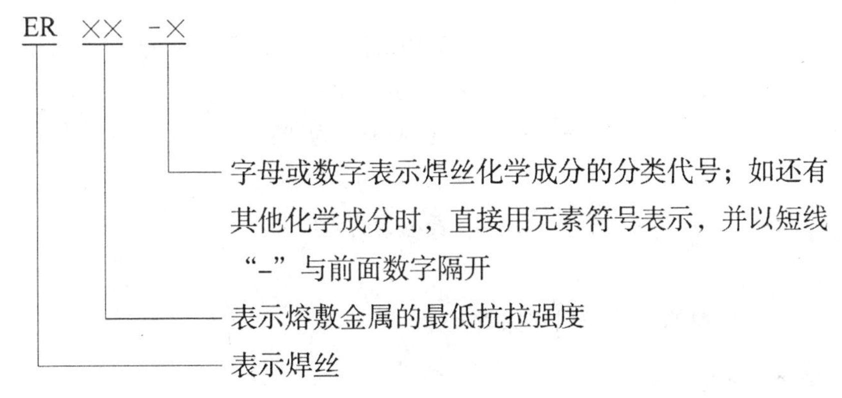

焊丝型号举例：

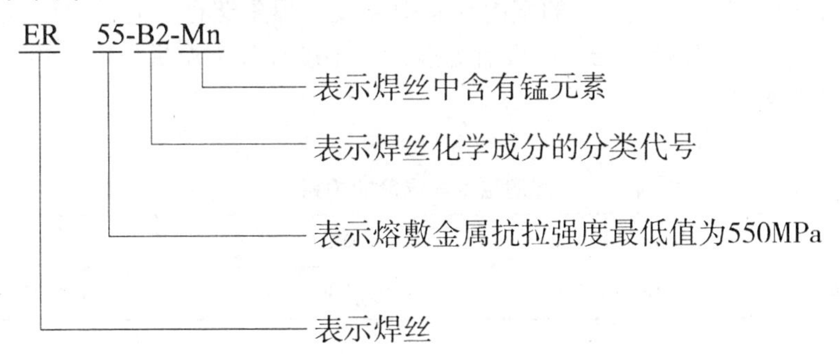

3. 焊丝牌号表示方法

实芯焊丝的牌号都是以字母“H”开头，后面的符号及数字用来表示该元素的近似含量。

具体表示方法如下：

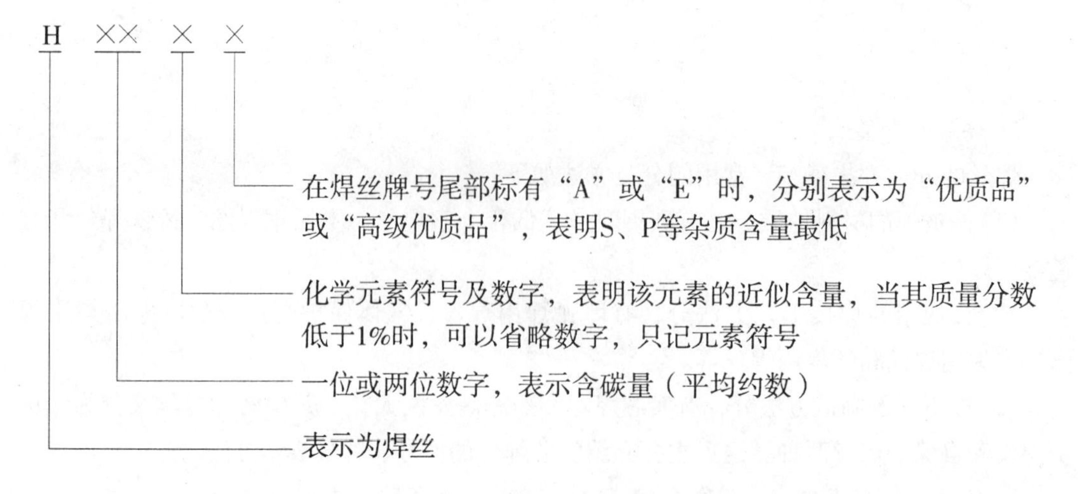

焊丝牌号举例：

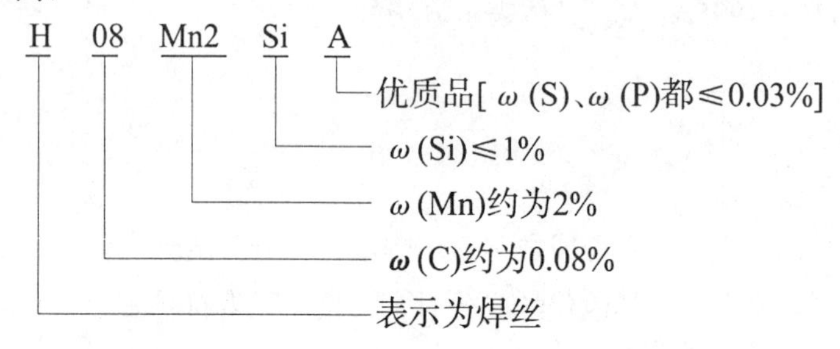

1.3.4 焊接材料的正确使用和保管

1. 焊条的正确使用和保管

1)焊条储存与保管

(1)焊条必须在干燥通风良好的室内仓库中存放，焊条储存库内不允许放置有害气体和腐蚀性介质。室内应保持整洁，应设有温度计、湿度计和去湿机。库房的温度与湿度必须符合表1.22的要求。

表1.22 库房温度与湿度的关系

气温	5~20℃	20~30℃	>30℃
相对湿度	60%以下	50%以下	40%以下

(2)库内无地板时，焊条应存放在架子上，架子离地面高度不小于300mm，离墙壁距离不小于300mm。架子下应放置干燥剂，严防焊条受潮。

(3)焊条堆放时，应按种类、牌号、批次、规格、入库时间分类堆放。每垛应有明确标注，避免混乱。

(4)焊条在供给使用单位之后至少6个月之内可保证使用，入库的焊条应做到先入库的先使用。

(5)特种焊条储存与保管应高于一般性焊条，应堆放在专用仓库或指定的区域，受潮或包装破损的焊条未经处理不许入库。

(6)对于受潮、药皮变色、焊芯有锈迹的焊条，必须经烘干后进行质量评定，若各项性能指标满足要求时方可入库，否则不准入库。

(7)一般焊条出库量不能超过两天用量，焊工必须保管好已经出库的焊条。

2)焊条的烘干与使用

(1)发放使用的焊条必须有质保书和复验合格证。

(2)焊条在使用前，如果焊条使用说明书无特殊规定时，一般都应进行烘干。酸性焊条视受潮情况和性能要求，在 75 ~ 150℃烘干 1 ~ 2h。碱性低氢型结构钢焊条应在 350 ~ 400℃烘干 1 ~ 2h。烘干的焊条应放在 100 ~ 150℃保温箱(筒)内，随取随用，使用时注意保持干燥。

(3)根据《焊接材料质量管理规程》(JB3223—1996)规定，低氢型焊条一般在常温下超过 4h，应重新烘干，重复烘干次数不宜超过 3 次。

(4)烘干焊条时，禁止将焊条突然放进高温炉内，或从高温炉中突然取出冷却，防止焊条骤冷骤热而产生药皮开裂脱皮现象。

(5)焊条烘干时应做记录，记录上应有牌号、批号、温度、时间等内容。

(6)焊工领用焊条时，必须根据产品要求填写领用单，其填写项目应包括生产工号、产品图号、被焊工件钢号以及领用焊条的牌号、规格、数量、领用时间等，并作为下班时回收剩余焊条的核查依据。

(7)为防止焊条牌号用错，除建立焊接材料领用制度外，还应相应建立焊条头回收制度，以防剩余焊条散失生产现场。应规定：剩余焊条数量和回收焊条头数量的总和，应与领用的数量相符。

2. 焊剂的正确使用和保管

对储存库房的条件和存放要求，基本与焊条的要求相似，不过应特别注意防止焊剂在保存中受潮，搬运时防止包装破损，对烧结焊剂更应注意存放中的受潮及颗粒的破碎。

焊剂使用时，应注意如下事项：

(1)焊剂使用前必须进行烘干，烘干要求见表 1.23。

表 1.23　**焊剂烘干温度与要求**

焊剂类型	烘干温度(℃)	烘干时间(h)	烘干后在大气中允许放置时间(h)
熔炼焊剂(玻璃状)	150 ~ 350	1 ~ 2	12
熔炼焊剂(薄石状)	200 ~ 350	1 ~ 2	12
烧结焊剂	200 ~ 350	1 ~ 2	5

(2)烘干时，焊剂厚度要均匀且不得大于 30mm。

(3)回收焊剂时，必须经筛选、分类，去除渣壳、灰尘等杂质，再经烘干与新焊剂按比例(一般回用焊剂不得超过 40%)混合使用，不得单独使用。

(4)回收焊剂中粉末含量不得大于 5%，回收使用次数不得多于 3 次。

3. 焊丝的正确使用和保管

焊丝对储存库房的条件和存放要求基本与焊条相似。

焊丝的储存，要求保持干燥、清洁和包装完整；焊丝盘、焊丝捆内焊丝不应紊乱、弯折和波浪形；焊丝末端应明显易找。

焊丝使用前，必须除去表面的油、锈等污物，领取时应进行登记，随用随领，焊接场地不得存放多余焊丝。

4. 保护气体的正确使用和保管

焊接过程中的保护气体主要是氩和二氧化碳，其他还有氮、氢、氧、氦等。由于储存这些气体的气瓶工作压力可高达15MPa，属于高压容器，因此对它们的使用、储存和运输都有严格的规定。

1)气瓶的储存与保管

(1)储存气瓶的库房建筑应符合《建筑设计防火规范》(GB50016—2006)的规定，应为一层建筑，其耐火等级不低于二级，库内温度不得超过35℃，地面必须平整、耐磨、防滑。

(2)气瓶储存库房应没有腐蚀性气体，应通风、干燥，不受日光曝晒。

(3)气瓶储存时，应旋紧瓶帽，放置整齐，留有通道，妥善固定；立放时应设栏杆固定，以防跌倒；卧放时，应防滚动，头部应朝向一方，且堆放高度不得超过5层。

(4)空瓶与实瓶、不同介质的气体气瓶必须分开存放，且有明显标志。

(5)对于氧气瓶与氢气瓶必须分室储存，在其附近应设有灭火器材。

2)气瓶的使用

(1)禁止碰撞、敲击，不得用电磁起重机等搬运气瓶。

(2)气瓶不得靠近热源，离明火距离不得小于10m，气瓶不得“吃光用尽”，应留有余气，应直立使用，应有防倒固定架。

(3)氧气瓶使用时不得接触油脂，开启瓶阀应缓慢，头部不得面对减压阀。

(4)夏天要防止日光曝晒。

☞课后拓展

1. 走访钢材销售市场或参观实习实训基地，认识各种钢材，并说出哪些型号的钢材比较常用，大致掌握它们的价格。

2. 走访钢材销售市场或通过因特网等方式了解钢结构焊接材料的种类，并说出哪些型号的钢材比较常用，大致掌握它们的价格。

第2章 钢结构施工图表示方法

☞**主要内容：**钢结构构件表示方法、钢结构连接表示方法。

☞**对应岗位：**钢结构设计、钢结构深化设计、钢结构预算、钢结构制作、钢结构安装。

☞**关键技能：**钢结构识图、钢结构制图。

钢结构施工图是指导钢结构工程施工的重要文件。为了统一标准、方便施工，必须建立施工图绘制的规范和标准，用以规定钢结构工程中用到的构件形状、连接方式，本章主要介绍钢结构施工图的基本规则。

从20世纪50年代起，我国钢结构制图方法一直借用苏联的制图方法，钢结构施工图分为钢结构设计图和钢结构施工详图两个阶段。

钢结构设计图一般由具有相应设计资质的设计院进行绘制，此阶段施工图主要考虑结构的受力问题，表达的主要内容包括梁、柱、支撑等主要构件的截面形状、节点构造和布置位置以及它们之间的连接方式，该图纸一般为蓝图，钢结构加工部门的工人很难看懂，也不方便计划调度部门组织施工。

钢结构施工详图一般由钢结构施工单位的构件加工部门绘制，或委托钢结构加工厂绘制，此阶段施工图根据设计图和规范的要求进行绘制，主要考虑单个构件的下料及组装，基本不涉及力学计算，表达的主要内容为单个构件中的组件、螺栓孔、焊接要求、摩擦面或边缘的处理以及数量等细节问题，既便于加工部门的工人能看懂，也便于计划调度部门组织施工。

2.1 构件表示方法

与钢筋混凝土结构类似，钢结构构件形状以杆状居多，具有确定的断面形状，且长度和截面周长之比相当大。钢结构构件有的是由一个型材组成，有的是由多个型材组成，施工图表达深度一般表达到型材，也就是说，不论构件的大小及复杂程度，施工图中可以看到的表达都是型材，可以说，只要掌握了型材的表达方式，再配合三视图原理，识读钢结构施工图将变得清晰明了。

钢结构工程中用到的型材其实非常有限，常用的热轧型材有钢板、角钢、槽钢、钢管、工字钢、H型钢等，常用的组合型材主要是H型钢，常用的冷弯型钢比较多，其中规格固定，表达特殊的主要有C型钢、Z型钢等，其他的冷弯型钢一般通过绘制截面详图来表示。

2.1.1 钢板

钢板原材料一般是厚度固定、平面形状为矩形的板材。工程中用到的小部件都是采用钢板原材料切割而成的，其形状各异。在施工图中，为了便于表达，对形状怪异的钢板，可以仅标明厚度并配合标注表示其形状(图2.1)；对形状规则的矩形钢板，可以直接标明钢板的厚度、宽度和长度(图2.2)；对形状规则但长度相对较大的矩形钢板，可以标明钢板的厚度和宽度，并配合标注表示其长度(图2.3)。

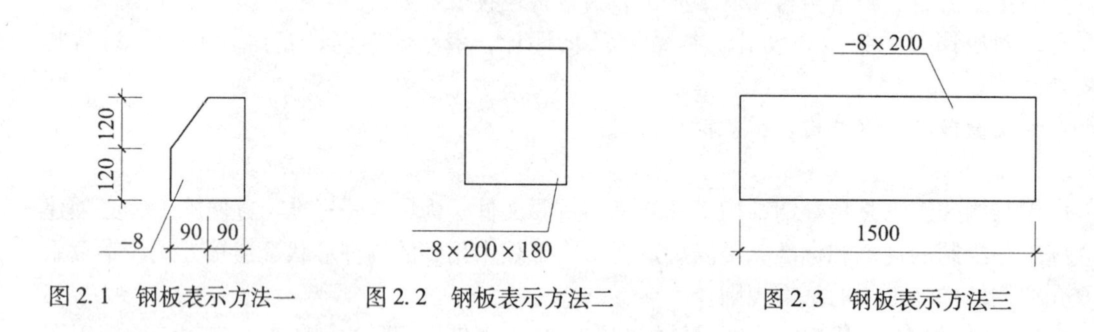

图2.1 钢板表示方法一　图2.2 钢板表示方法二　图2.3 钢板表示方法三

2.1.2 角钢

角钢原材料一般是截面呈“L”形，沿长度方向截面形状不变，固定长度为6m的条材。工程中用到的角钢小部件通常与角钢原材料截面一样，长度较小，形状比较规则，但个别工程中会将角钢进行局部切角处理。在施工图中，根据角钢的视图角度，对形状规则的角钢可以采用标明角钢规格厚度并配合长度标注表示其形状(图2.4)，或将角钢规格和长度一起标注(图2.5)；对有切角的角钢，通常在规则角钢表示的基础上另外标注切角尺寸(图2.6)。

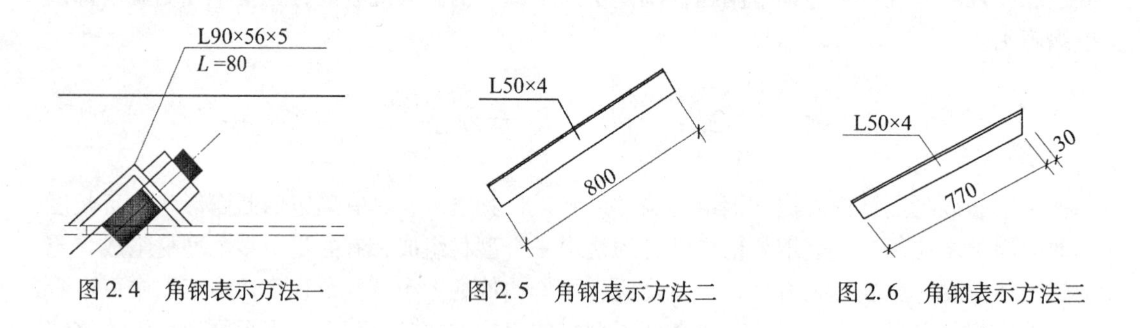

图2.4 角钢表示方法一　图2.5 角钢表示方法二　图2.6 角钢表示方法三

2.1.3 槽钢

槽钢原材料一般是截面呈“U”形，沿长度方向截面形状不变，固定长度为6m的条材。工程中用到的槽钢小部件通常与角钢一样，仅仅切割其长度，不改变其截面形状，个别工程中对槽钢进行局部切角部分一般在施工图中额外标注。在施工图中，根据槽钢的视图角度的不同，其画法和表示方法也略有不同，当视图面向槽钢凹面时，其表示方法如图

2.7 所示；当视图背向槽钢凹面时，其表示方法如图 2.8 所示；当视图面向槽钢侧面时，其表示方法如图 2.9 所示；当视图观察到槽钢的截面时，其表示方法如图 2.10 所示，对有切角的槽钢额外标注切角尺寸，其表示方法可参考角钢。

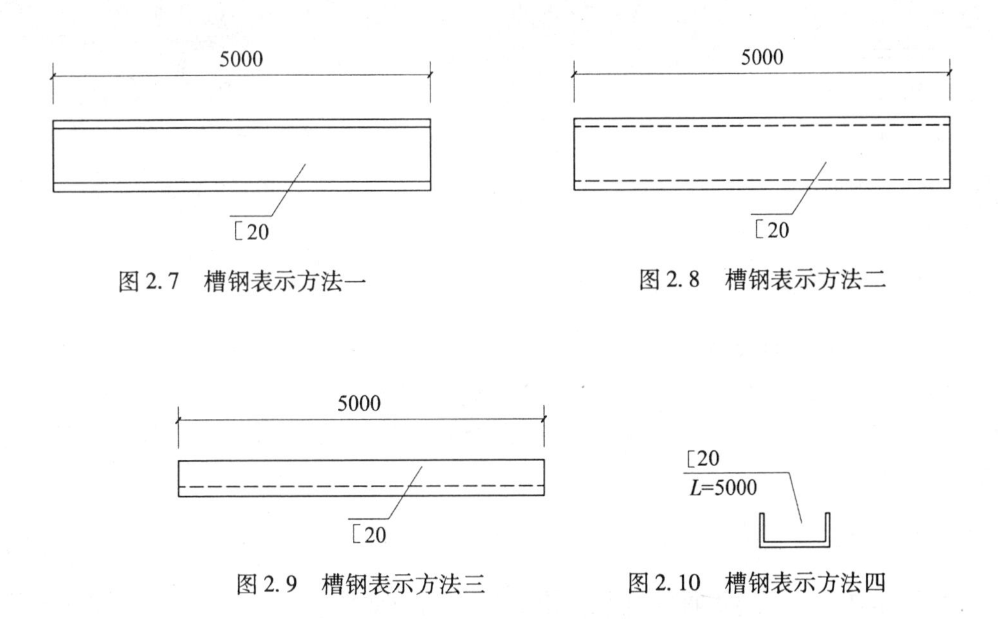

图 2.7　槽钢表示方法一

图 2.8　槽钢表示方法二

图 2.9　槽钢表示方法三

图 2.10　槽钢表示方法四

2.1.4　工字钢

工字钢原材料一般是截面呈 I 形，沿长度方向截面形状不变，固定长度为 6m 的条材。工程中用到的工字钢小部件通常与角钢一样，仅仅切割其长度，不改变其截面形状，个别工程中对工字钢进行局部切角部分一般在施工图中额外标注。在施工图中，根据工字钢的视图角度的不同，其画法和表示方法也略有不同，当视图面向工字钢凹面时，其表示方法如图 2.11 所示；当视图垂直于向工字钢凹面时，其表示方法如图 2.12 所示；当视图观察到工字钢的截面时，其表示方法如图 2.13 所示，对有切角的工字钢额外标注切角尺寸，其表示方法可参考角钢。

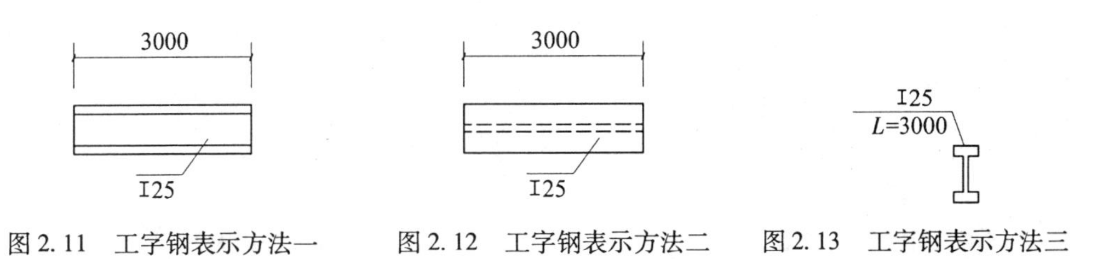

图 2.11　工字钢表示方法一

图 2.12　工字钢表示方法二

图 2.13　工字钢表示方法三

2.1.5　圆钢及钢管

圆钢原材料一般是截面呈圆形，沿长度方向截面形状不变，固定长度为 6m、9m、12m 的条材，其标注如 $\phi12$。钢管原材料一般是截面呈“O”形，沿长度方向截面形状不变，固定长度为6m 的条材，钢管的标注如 $\phi48\times3.5$，钢管根据其在施工图中的识图位置，主要有三种画法，正面视图的绘制方法如图 2.14 所示，正截面视图的绘制方法如图 2.15 所示，斜截面视图的绘制方法如图 2.16 所示。

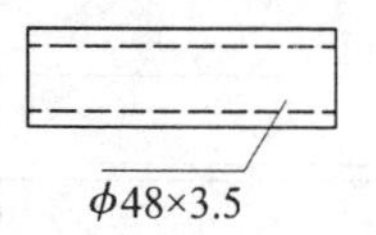

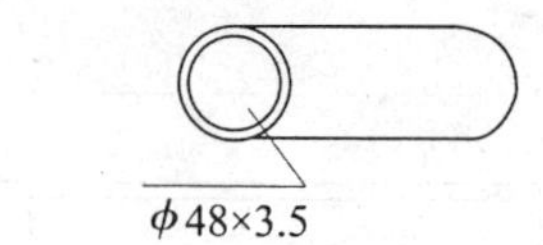

图 2.14　钢管的正面视图　　图 2.15　钢管的截面视图　　图 2.16　钢管的斜截面视图

2.1.6　冷弯型钢

冷弯型钢的截面形状很多，比较常用的有 C 型钢和 Z 型钢，这两种型钢一般用固定符号表示。C 型钢的表达方式如：C180×50×20×3；Z 型钢的表达方式如：Z180×75×20×2.5。其他各种形状的冷弯型钢一般直接在图中绘制其截面形状，如某工程镀锌钢天沟的表示如图 2.17 所示。

2.1.7　H 型钢

H 型钢原材料一般是截面呈 H 形，沿长度方向截面形状不变，固定长度为6m 的条材。H 型钢与工字钢的主要区别为翼缘相对较宽。钢结构建筑工程中主要用到的 H 型钢为热轧 H 型钢和焊接 H 型钢，施工图中热轧 H 型钢和焊接 H 型钢的绘制均与工字钢相似，但是文字标注不同。

热轧 H 型钢又分为宽翼缘 H 型钢 HW、中翼缘 H 型钢 HM、窄翼缘 H 型钢 HN。宽翼缘 H 型钢的标注一般是 HW(高度 H)×(宽度 B)×(腹板厚度 t_1)×(翼板厚度 t_2)，如 HW150×150×7×10；中翼缘 H 型钢的标注如 HM200×150×6×9；窄翼缘 H 型钢的标注如 HN300×150×6.5×9。

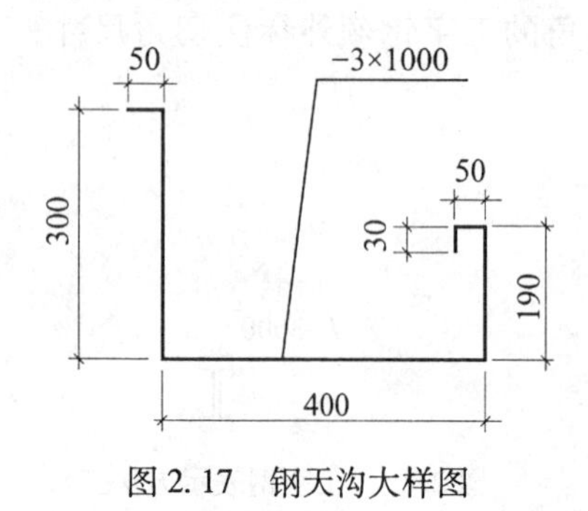

图 2.17　钢天沟大样图

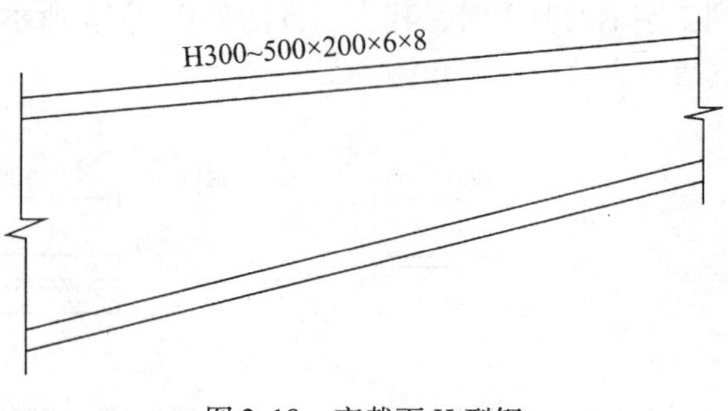

图 2.18　变截面 H 型钢

与热轧 H 型钢不同，焊接 H 型钢的尺寸不是固定的，它一般由设计人员计算确定，如：H500×200×6×10。在有些工程中会用到变截面焊接 H 型钢，其标注如图 2.18 所示。

2.2　焊缝表示方法

在钢结构建筑工程中，构件与构件的连接方式主要有焊接和螺栓连接两种，采用焊缝连接时，施工图根据构件的受力情况，采用不同的焊缝。在施工图中，为了简化图样上的焊缝，一般应采用标准规定的焊缝符号表示。焊缝符号应明确地表示所要说明的焊缝，而且不使图样增加过多的注释。

焊缝符号一般由基本符号与指引线组成。必要时，还可以加上辅助符号、补充符号和焊缝尺寸符号。图形符号的比例、尺寸和在图样上的标注方法，按技术制图有关规定标注。为了方便，允许制定专门的说明书或技术条件，用以说明焊缝尺寸和焊接工艺等内容。必要时，也可在焊缝符号中表示这些内容。

2.2.1　基本符号(表 2.1)

表 2.1　　**焊缝表示基本符号**

序号	名称	示意图	符号
1	卷边焊缝 (卷边完全融化)	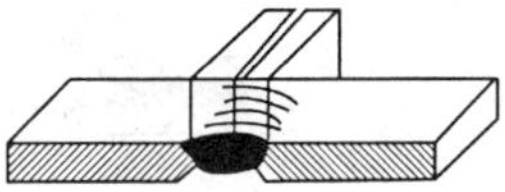	 ⁄\
2	I 形焊缝	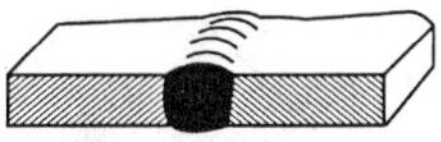	 ‖
3	V 形焊缝	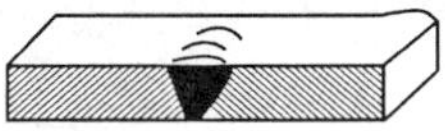	 V
4	单边 V 形焊缝	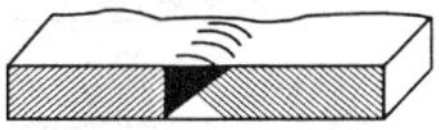	 ⁄
5	Y 形焊缝 (带钝边 V 形焊缝)	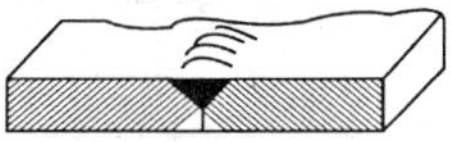	 Y
6	带钝边单边 V 形焊缝	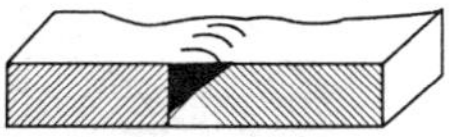	 ⊬
7	带钝边 U 形焊缝	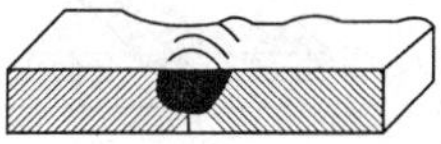	 Y

续表

序号	名称	示意图	符号
8	带钝边单边U形焊缝（带钝边J形焊缝）	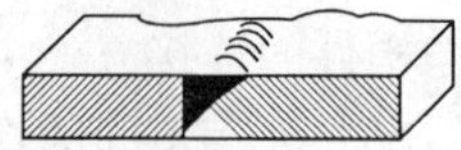	
9	封底焊缝	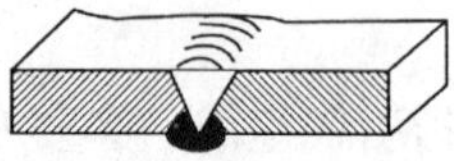	
10	角焊缝	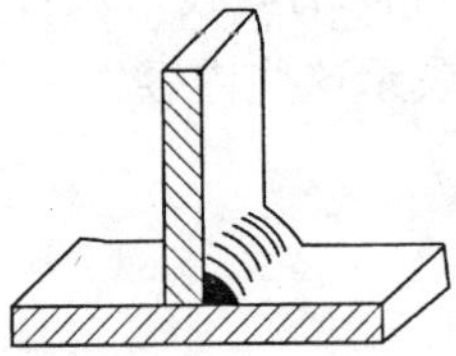	
11	槽焊缝 塞焊缝	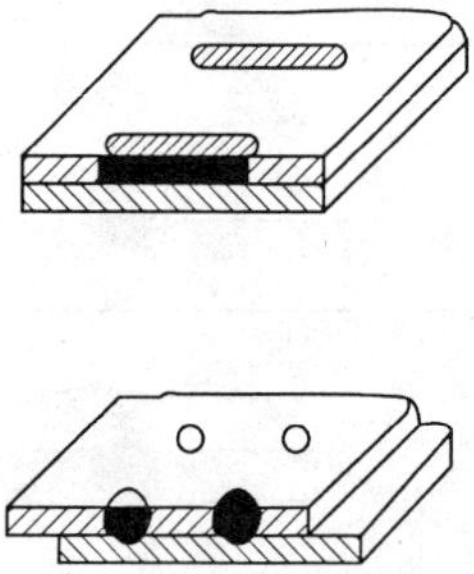	
12	点焊缝	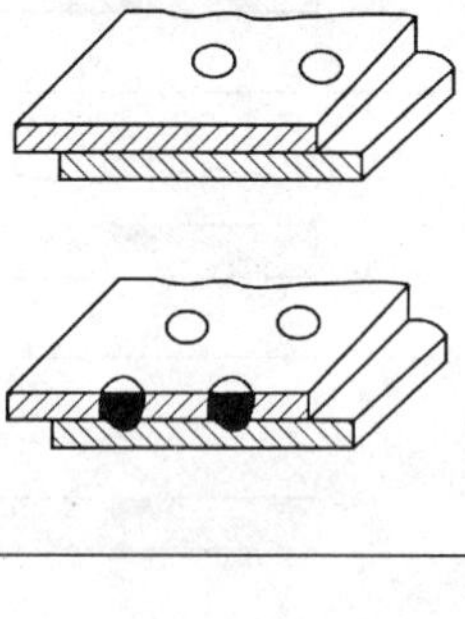	
13	缝焊缝	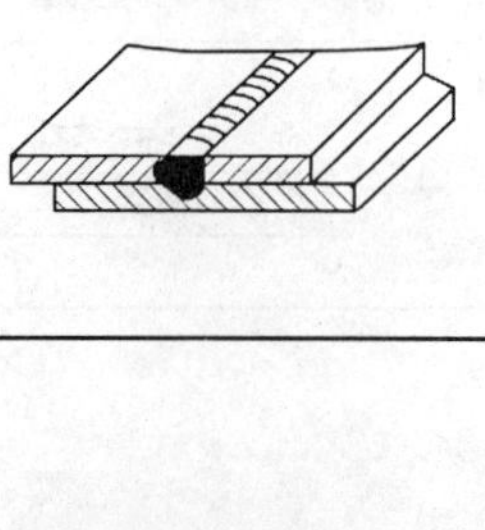	

2.2.2　辅助符号

辅助符号是表示焊缝表面形状特征的符号，不需要确切地说明焊缝的表面形状时，可以不用辅助符号。辅助焊缝符号特征见表 2.2，其应用见表 2.3。

表 2.2　**焊缝表示辅助符号**

序号	名称	示意图	符号	说明
1	平面符号	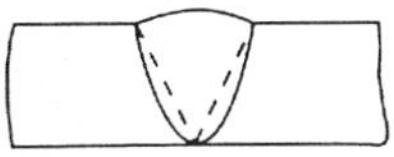	—	焊缝表面平齐
2	凹面符号	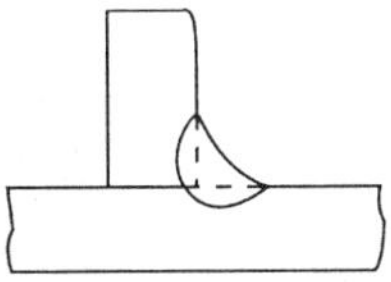	◡	焊缝表面凹陷
3	凸面符号	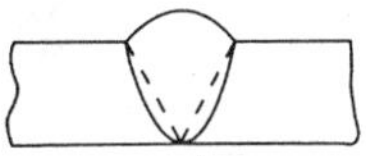	◠	焊缝表面凸起

表 2.3　**焊缝表示辅助符号的应用示例**

序号	名称	示意图	符号
1	平面 V 形对接焊缝		
2	凸面 X 形对接焊缝		
3	凹面角焊缝	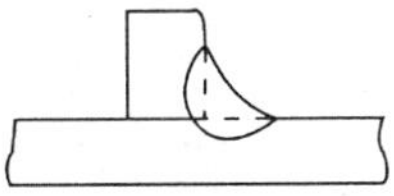	
4	平面封底 V 形焊缝	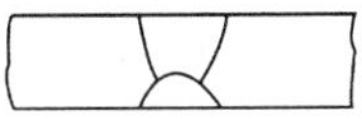	

2.2.3　补充符号

补充符号是为了补充说明焊缝的某些特征而采用的符号，见表 2.4、表 2.5。

表 2.4 焊缝表示补充符号

序号	名称	示意图	符号	说明
1	带垫板符号	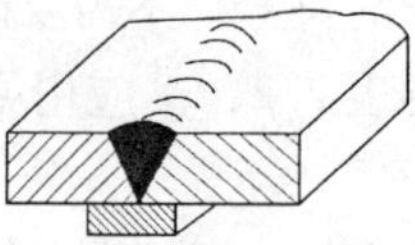		表示焊缝底部有垫板
2	三面焊缝符号	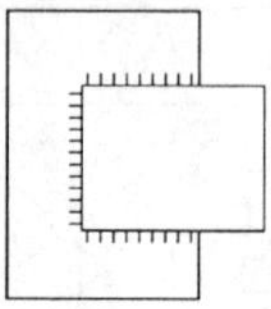	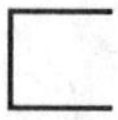	表示三面带有焊缝
3	周围焊缝符号	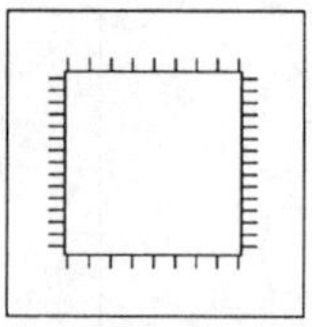	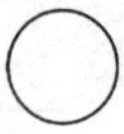	表示环绕工件周围焊缝
4	现场焊接符号			表示在现场或工地上进行焊接
5	尾部符号			在尾部标注焊接方法代号、焊缝质量和检测要求，可以参照GB5185标注

表 2.5 焊缝表示补充符号的应用示例

序号	示意图	符号	说明
1	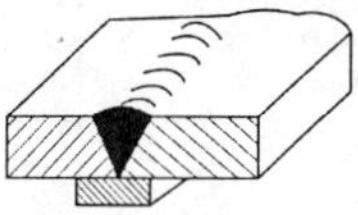	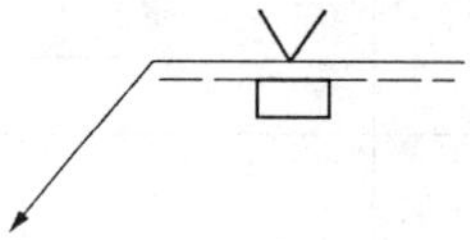	表示 V 形焊缝的背面底部有垫板
2	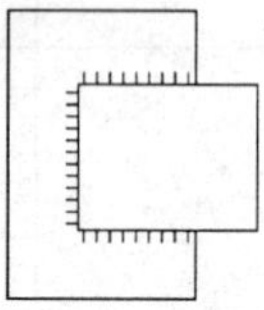	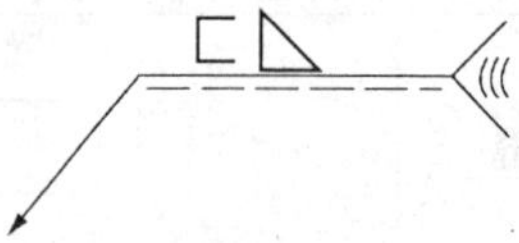	工件三面带有焊缝，焊接方法为手工电弧焊
3	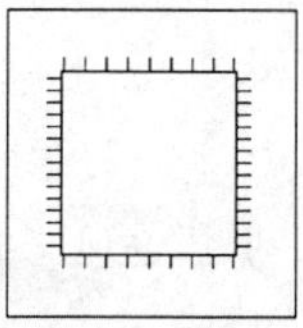	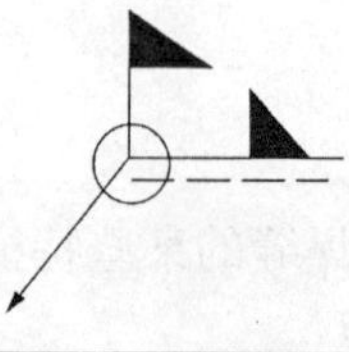	表示在现场沿工件周围施焊

2.2.4　焊缝指引线

焊缝符号一般标注在指引线之上，用以表示需要焊接的位置。指引线一般由带有箭头的指引线(简称箭头线)和两条基准线(一条为实线，另一条为虚线)两部分组成，如图 2.19 所示。箭头线中的箭头宜直接指向焊接接头位置，施工图难以表达时，也可指向焊接接头的反面，如图 2.20 所示。

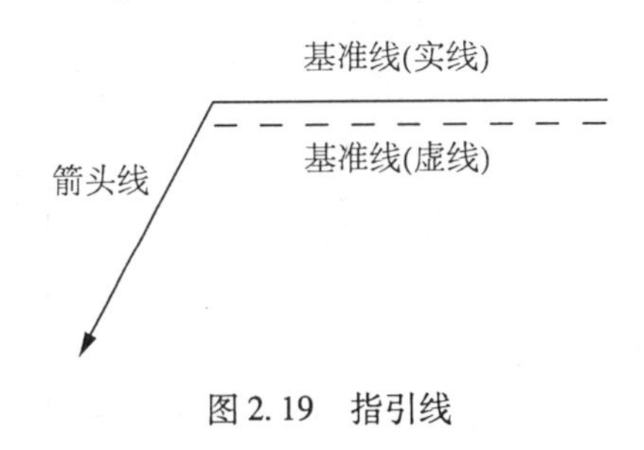

图 2.19　指引线

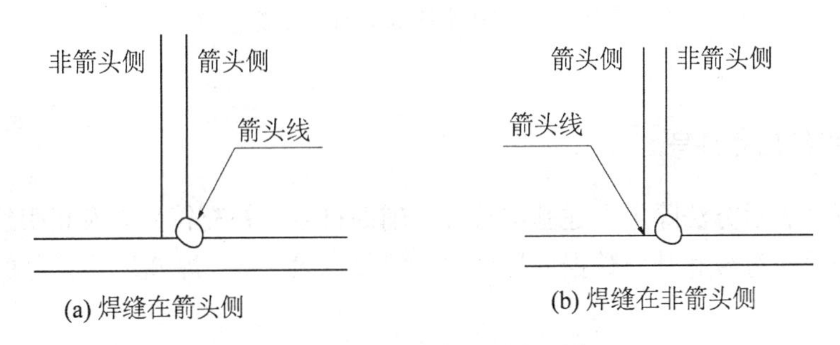

图 2.20　箭头线与焊缝的相对位置

当箭头线指向图 2.20(a)所示的位置时，施工图中按图 2.21 表示，焊接符号应画在基准线(实线)上，此时也可以将基准线(虚线)省略不画；当箭头线指向图 2.20(b)所示的位置时，施工图中按图 2.22 表示，焊接符号应画在基准线(虚线)上，此时基准线(实线)和基准线(虚线)都必须画出。

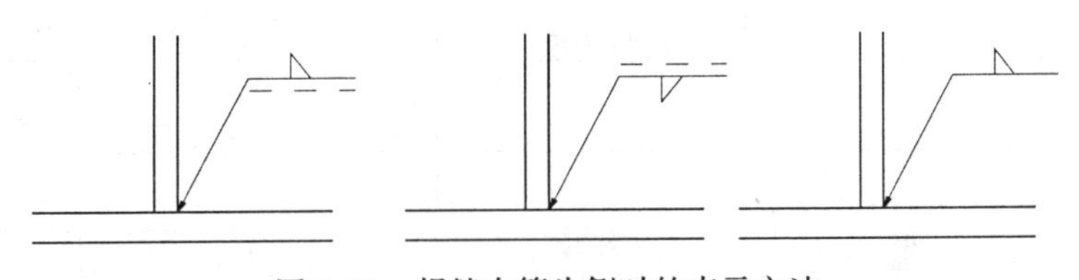

图 2.21　焊缝在箭头侧时的表示方法

标对称焊缝及双面焊缝时，可不加虚线，如图 2.23 表示 T 形接头双面角焊缝。

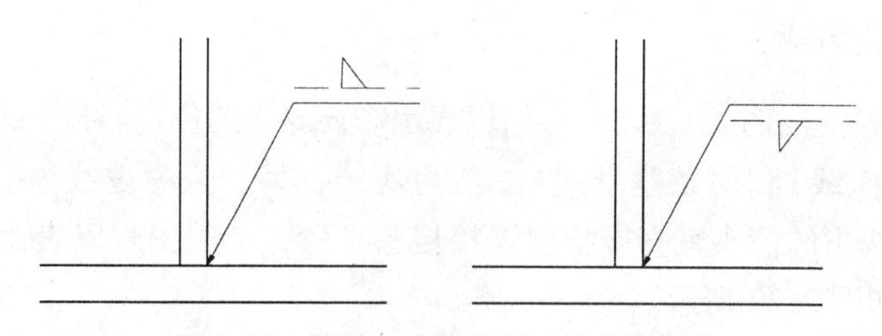

图 2.22　焊缝在非箭头侧时的表示方法

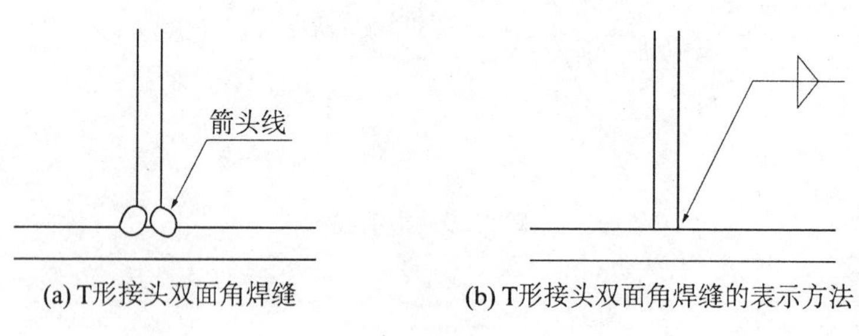

(a) T形接头双面角焊缝　　(b) T形接头双面角焊缝的表示方法

图 2.23　T 形接头双面角焊缝

2.2.5　焊缝尺寸符号

完整的焊缝表示方法除了上述基本符号、辅助符号、补充符号以及指引线之外，还需要标注必要的尺寸符号和其他数据，焊缝尺寸符号见表 2.6。焊缝尺寸符号的部分示例见表 2.7。

表 2.6　　焊缝尺寸符号

序号	符号	名称	示意图
1	δ	工件厚度	
2	α	坡口角度	
3	b	根部间隙	
4	p	钝边	

续表

序号	符号	名称	示意图
5	c	焊缝宽度	c
6	R	根部半径	R
7	l	焊缝长度	l
8	n	焊缝段数	n=2
9	e	焊缝间距	e
10	K	焊脚尺寸	K
11	d	熔核直径	d
12	S	焊缝有效厚度	S
13	N	相同焊缝数量符号	N=3
14	H	坡口深度	H
15	h	余高	h

续表

序号	符号	名称	示意图
16	β	坡口面角度	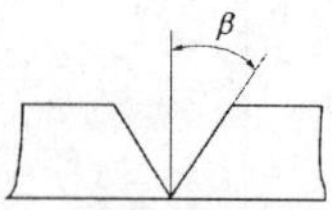 β

表 2.7 焊缝尺寸符号示例

序号	名称	示意图	焊缝符号	说明
1	对接焊缝	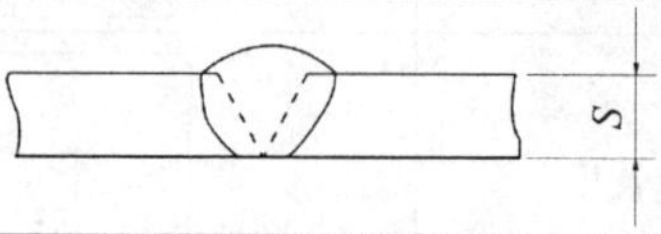 S	 S	V形坡口的对接焊缝，焊缝有效厚度为 S
		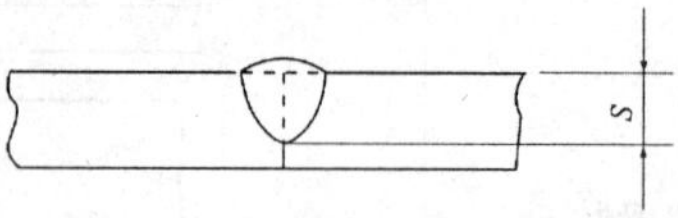 S	 S	I形坡口的对接焊缝，焊缝有效厚度为 S
		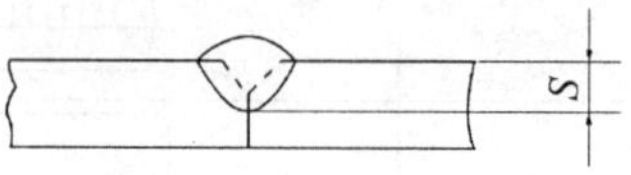 S	 S	Y形坡口的对接焊缝，焊缝有效厚度为 S
2	卷边焊缝	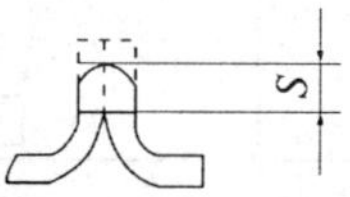 S	 S	卷边焊缝，焊缝有效厚度为 S
		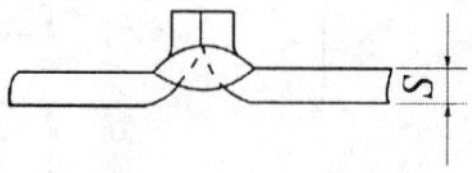 S	 S	卷边焊缝，焊缝有效厚度(也即工件厚度)为 S
3	连续角焊缝	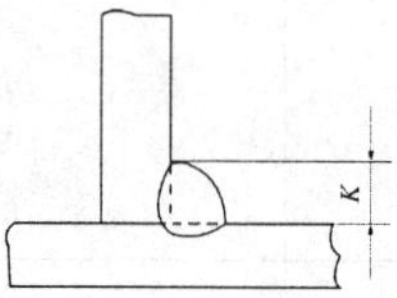 K	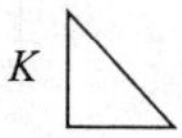 K	T形接头，连续单面角焊缝，焊脚尺寸为 K
4	断续角焊缝	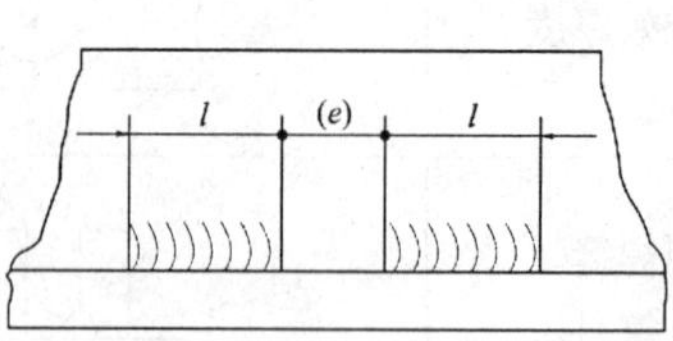 l (e) l	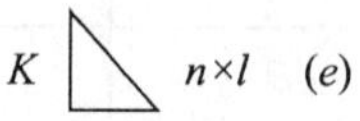 K $n\times l$ (e)	T形接头，断续单面角焊缝，焊脚尺寸为 K，每段长度为 l，共有 n 段，各段净间距为 e
5	交错断续角焊缝	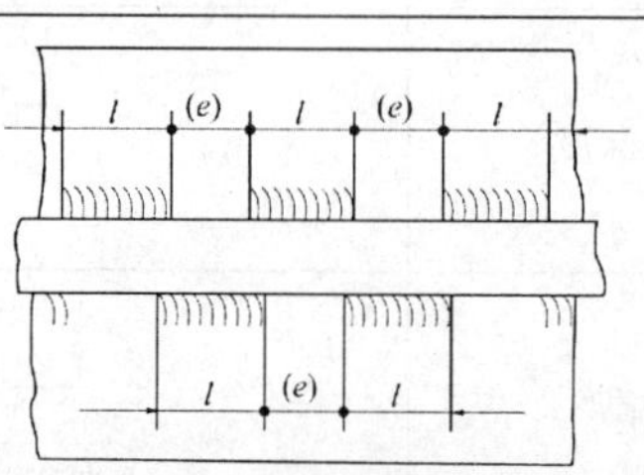 l (e) l (e) l l (e) l	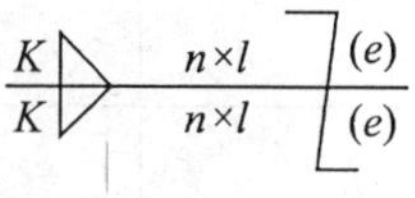 K $n\times l$ (e) K $n\times l$ (e)	T形接头，交错断续双面角焊缝，焊脚尺寸为 K，每段长度为 l，共有 n 段，各段净间距为 e

2.2.6　焊缝标注原则

综上所述，一个完整的焊缝标注必须包含指引线、基本符号和尺寸符号，必要时，也包含辅助符号、补充符号和其他数据。对于比较复杂的焊缝，其需要标注的符号比较多，为了不致引起混淆，做出如下规定(图2.24)：

(1)焊缝横截面上的尺寸标在基本符号的左侧；

(2)焊缝长度方向尺寸标在基本符号的右侧；

(3)坡口角度，坡口面角度、根部间隙等尺寸标在基本符号的上侧或下侧；

(4)相同焊缝数量符号标在尾部；

(5)当需要标注的尺寸数据较多又不易分辨时，可在数据前面增加相应的尺寸符号；

(6)当箭头线方向变化时，上述原则不变，左右方向无需改变；

(7)当焊接位置在箭头侧时，焊缝符号标注在基准线(实线)上，此时基准线(虚线)可省略不标；当焊接位置在非箭头侧时，焊缝符号标注在基准线(虚线)上，此时基准线(实线)不可省略。

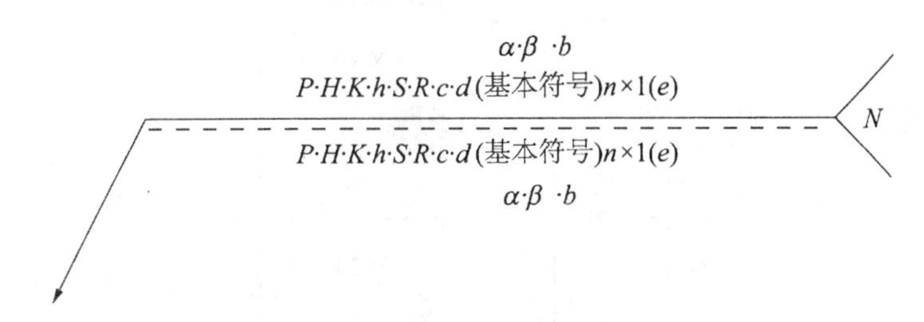

图2.24　焊缝符号表示原则

2.3　螺栓表示方法

螺栓连接也是钢结构连接的一种非常重要的、常用的连接方式，螺栓连接可分为普通螺栓连接和高强螺栓连接。普通螺栓通常采用Q235钢制作，连接时用普通扳手拧紧；高强螺栓采用高强度钢材经热处理制成，连接时用能控制扭矩或螺栓拉力的力矩扳手拧紧。

由于普通螺栓和高强螺栓的受力情况不同、施工方法不同，所以施工图中采用不同的表示方式表示这两种螺栓，以示区别。一般来说，普通螺栓习惯采用实心圆圈来表示，如图2.25所示；高强螺栓习惯采用实心菱形来表示，如图2.26所示。当一个大样图中有多个相同螺栓时，可仅表示其中的一个，当一个大样图中有多个不同的螺栓时，应将所有螺栓分别标注，以免造成误解。

图2.25和图2.26表示的是常用的圆形螺栓及螺栓孔，工程中有时考虑到误差的影响，为了施工方便，也会用到非圆形的螺栓孔，如檩条的螺栓孔会做成长圆形螺栓孔。而有些工程中还会用到电焊铆钉、胀锚螺栓等，工程中常用的螺栓、螺栓孔、铆钉等表示方法见表2.8。

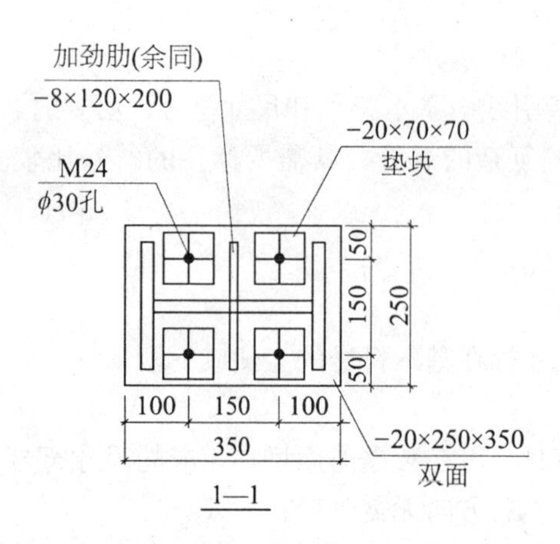

图 2.25 普通螺栓表示方法示例

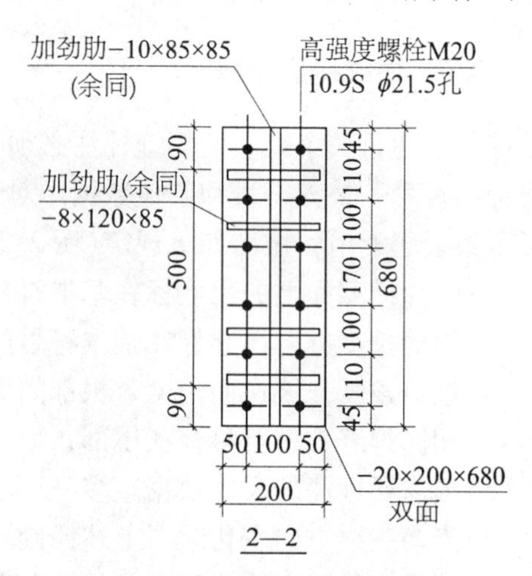

图 2.26 高强螺栓表示方法示例

表 2.8 **螺栓、螺栓孔、胀锚螺栓、电焊铆钉的表示方法**

序号	种类	图示	表示方法	说明
1	普通螺栓		M 24	1. "+"表示螺栓中心定位 2. M 表示螺栓直径 3. ϕ 表示螺栓孔直径 4. 同时标注螺栓和螺栓孔直径时，引出线上方标注螺栓直径，引出线下方标注螺栓孔直径 5. d 表示膨胀螺栓或电焊铆钉的直径
2	高强螺栓		M 24	
3	胀锚螺栓		d=20	
4	圆形螺栓孔		ϕ20	
5	长圆螺栓孔		ϕ20 50	
6	电焊铆钉		d=10	

☞**课后拓展**

1. 通过图书馆或网络课程中心，翻阅钢结构施工图，练习认识其中的焊缝符号。

2. 使用 STA、SAP、XSTEEL 等软件对一套钢结构施工图进行建模，训练空间想象能力。

第3章 钢结构施工图识读

☞**主要内容**：门式刚架结构施工图的识读、多层及高层钢结构施工图识读

☞**对应岗位**：钢结构设计、钢结构详图深化、钢结构制作、钢结构安装、钢结构预算、钢结构营销。

☞**关键技能**：钢结构识图。

虽然所有的钢结构工程的结构主材都是钢材，但各类钢构件通过不同的连接方式，可以组成不同的结构类型。在进行钢结构工程施工的过程中，正确识读钢结构工程施工图是非常关键的一个环节。常见的结构类型有门式刚架结构、框架结构、网架结构、管桁架结构等。不同的结构类型中，各构件的形状各不相同，构件之间的连接方位及连接方式也不相同，要想快速、正确地识读钢结构施工图，必须要具备以下几点基础：

(1)掌握不同结构类型的组成方式，如门式刚架结构、框架结构、管桁架结构、网架结构等；

(2)掌握结构中不同构件的受力特征，从而根据构件受力特征掌握构件的合理截面形状；

(3)掌握钢结构中各构件的传力途径以及为满足力的传递而采取的节点类型，乃至适合这种节点类型而采取的连接措施。

3.1 门式刚架结构施工图识读

近年来，随着我国经济的快速发展，全国各地建设了大量跨度较大、施工周期短、经济适用的工业厂房，适合这些条件的厂房均采用了轻型门式刚架结构形式。单层门式刚架除了适用于一般工业厂房之外，也适用于吊车起重量不大于 $15t(Q\leqslant 15t)$ 且跨度不大的工业厂房。在某些场合，也适用于民用建筑及公用建筑、商业建筑。

门式刚架结构具有轻质、高强、工厂化和标准化程度较高、现场施工进度快等特点。在工业厂房中大量采用实腹式构件，实腹式构件的特点是用工量较少、装卸性好，还可降低房屋高度。

3.1.1 单层门式刚架的组成

单层门式刚架结构是一种轻型房屋结构体系(图3.1)，其组成如下：

(1)以焊接H型钢、热轧H型钢等组成的主刚架，形成较大横向跨度，承受竖向力和横向水平力，并将竖向力和水平力传递给基础；

(2)以H型钢、钢管、圆钢等组成的主刚架系杆、支撑、抗风柱等，与主刚架一起形

成空间体系，承受纵向水平力，并与主刚架协同作用将纵向水平力传递给基础；

(3)以冷弯薄壁型钢制作的檩条、墙梁等，将主钢架之间的较大区格划分成较小的区格，承受墙面板、屋面板传来的荷载，并将之传递给主刚架；

(4)以压型金属板、保温材料制作的屋面、墙面，将厂房进行整体围护，达到密封、保温的作用。

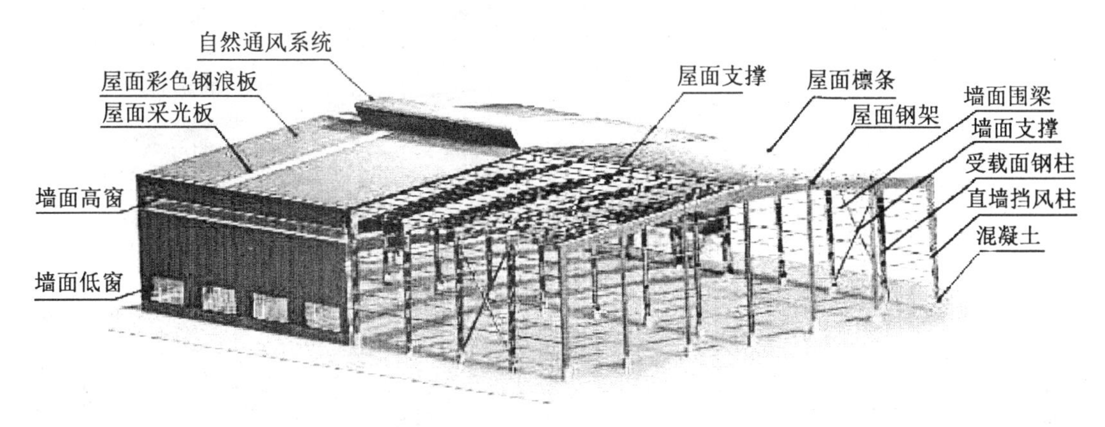

图 3.1　单层门式刚架结构

3.1.2　轻型单层门式刚架的结构布置

1. 主刚架

门式刚架的主刚架跨度一般以 15～24m 为宜，最大不宜超过 30m，否则影响其经济型，设计过程中应首先根据厂房的使用功能确定其宽度，若厂房宽度在 24m 之内，则可按单跨门式刚架布置，如图 3.2 所示；若跨度大于 24m，则可将门式刚架设计为两跨或两跨以上，如图 3.3 所示。

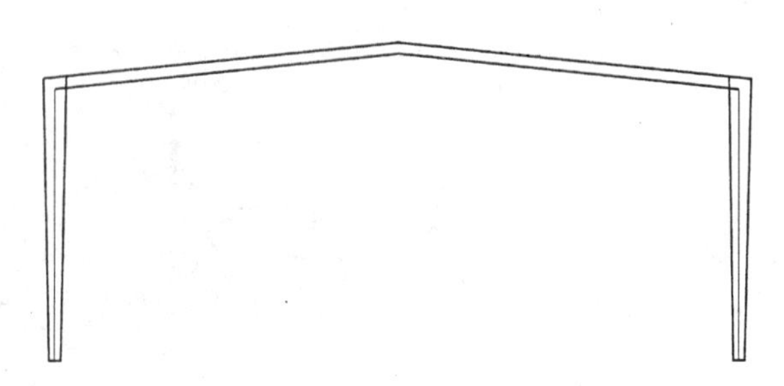

图 3.2　单跨单坡门式刚架

门式刚架由刚架柱和刚架梁组成，刚架柱为变截面或等截面 H 型钢制作，刚架梁为变截面 H 型钢制作。

刚架作为主要受力构件，其间距一般可取 6m、7.5m、9m 等，跨度太大或太小都会导致造价增高。为有效传递山墙承受的纵向风荷载，通常在第一榀和最后一榀刚架中加入抗风柱，如图 3.4 所示。

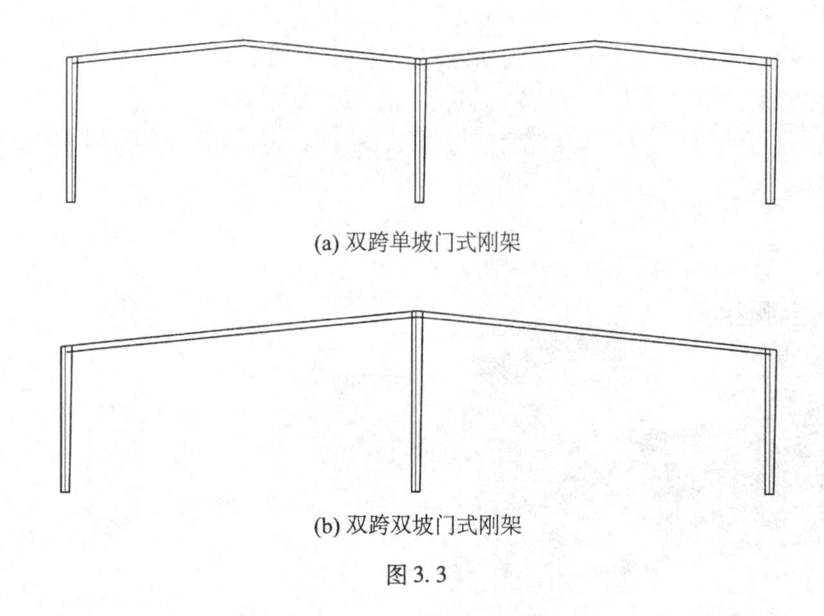

(a) 双跨单坡门式刚架

(b) 双跨双坡门式刚架

图 3.3

2. 系杆与支撑

单榀刚架设计过程中考虑了厂房所承受的竖向力和横向水平力，但其无法承受纵向水平力，故在各榀刚架之间设置系杆和支撑连接，将多榀系杆组成整体，承受纵向水平力，纵向水平力在刚架、系杆和支撑中传递，其中，系杆即可承受拉力也可承受压力，由钢管、槽钢或工字钢等截面惯性矩较大的型钢制作；支撑只能承受拉力，由角钢、圆钢等截面惯性矩较小的型钢制作。

在门式刚架所组成的排架结构中加入系杆(图 3.5)，可以使各榀门式刚架所受到的纵向水平力通过系杆传递到其他榀门式刚架中；在门式刚架结构两端加入水平支撑(或称梁间支撑)(图 3.6)，可以使纵向水平力通过系杆与水平支撑的共同作用传递至柱；在与水平支撑同一区间加入竖向支撑(或称柱间支撑)(图 3.7)，可以使上述传递至柱的纵向水平力通过系杆与竖向支撑的共同作用传递至基础。

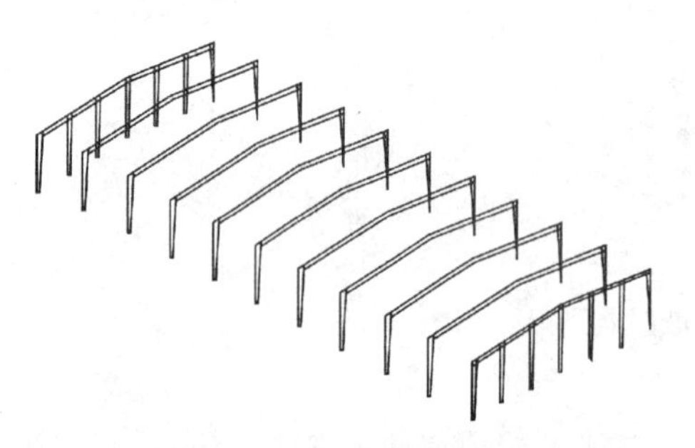

图 3.4　门式刚架等距排列

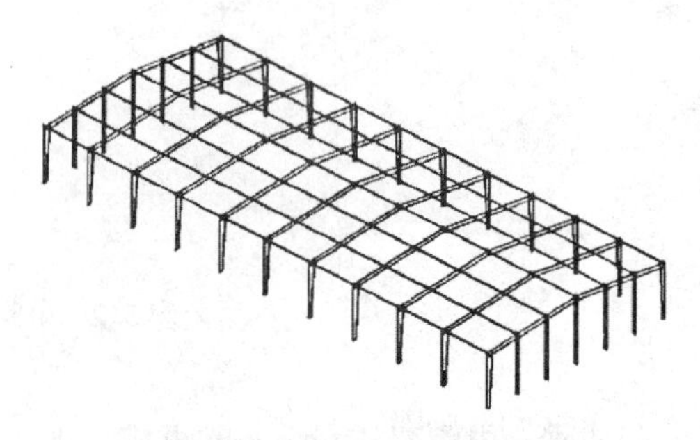

图 3.5 加入系杆的门式刚架结构

3. 檩条、拉条与隅撑

钢结构厂房的屋面板一般采用刚度较小的压型钢板制作，由于压型钢板的厚度比较小，承载力和截面刚度均较小，所以有必要减小压型钢板的跨度，通常的做法是在刚架梁上放置一些间距较小的檩条(类似于次梁)，檩条一般由冷弯薄壁卷边槽钢(C型钢或Z型钢)制作，屋面板放置在檩条之上，檩条的间距一般可取1.5m左右，如图3.8、图3.9所示。

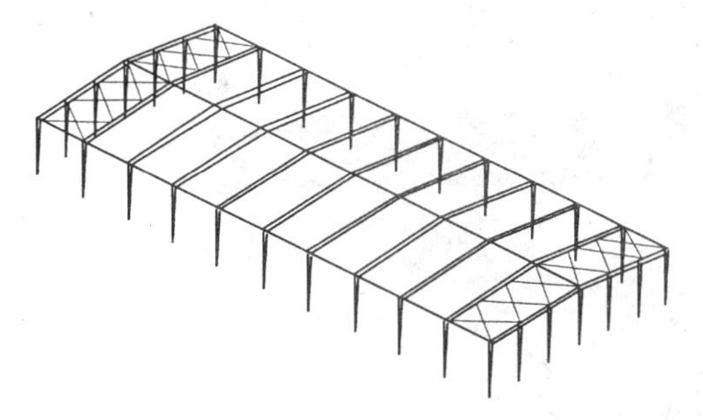

图3.6　加入水平支撑的门式刚架结构

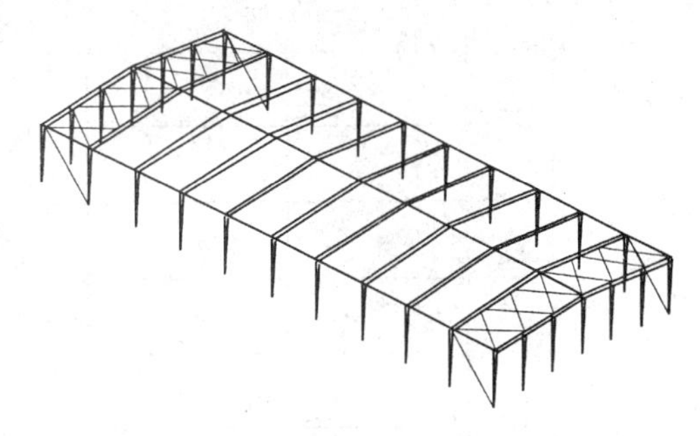

图3.7　加入竖向支撑的门式刚架结构

(a)C型钢檩条

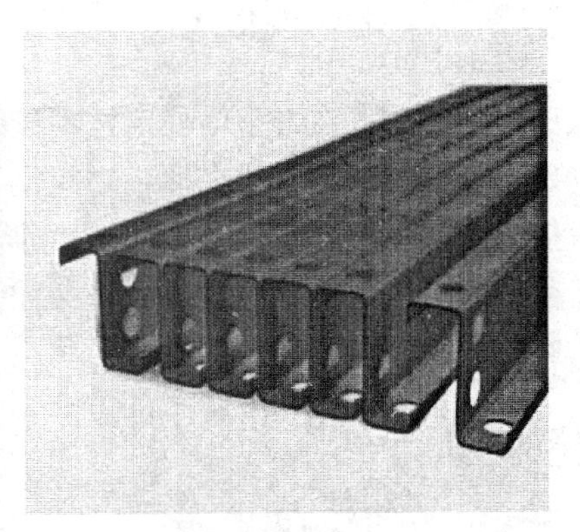

(b)Z型钢檩条

图3.8　檩条

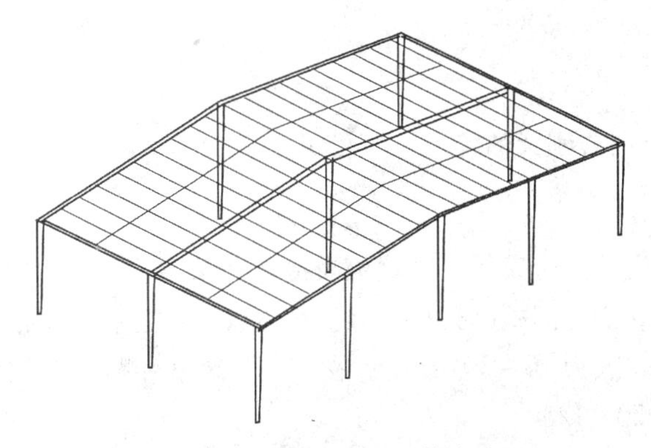

图3.9　施工图中的屋面檩条布置

门式刚架梁由于强度较高，所以截面较小、跨度较大，并且有整体稳定性不佳的问题，为提高刚架梁整体稳定性、发挥刚架梁的强度，通常将檩条作为刚架梁的侧向支撑，但是檩条与刚架梁通常由少量螺栓连接，难以保证刚架梁的整体稳定，于是在需要作为刚架梁侧向支撑的檩条上增加隅撑，从而保证檩条与刚架梁的连接更可靠。隅撑一般由角钢制作，如图 3.10 所示。

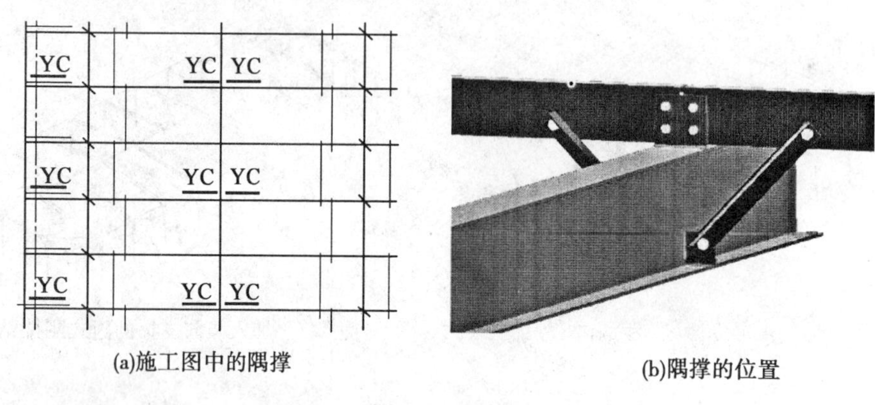

(a)施工图中的隅撑　　(b)隅撑的位置

图 3.10　隅撑

不仅门式刚架梁存在着整体稳定性不佳的问题，檩条由于截面较小、跨度较大，也存在整体稳定性不佳的问题，故在檩条之间也要设置一些侧向支撑，从而保证檩条的整体稳定性，发挥檩条的强度，檩条的侧向支撑通常由承受拉力的拉杆和承受压力的撑杆组成，拉杆一般由截面惯性矩较小的圆钢制作，如图 3.11 所示，撑杆一般由截面惯性矩较大的钢管制作，如图 3.12 所示。

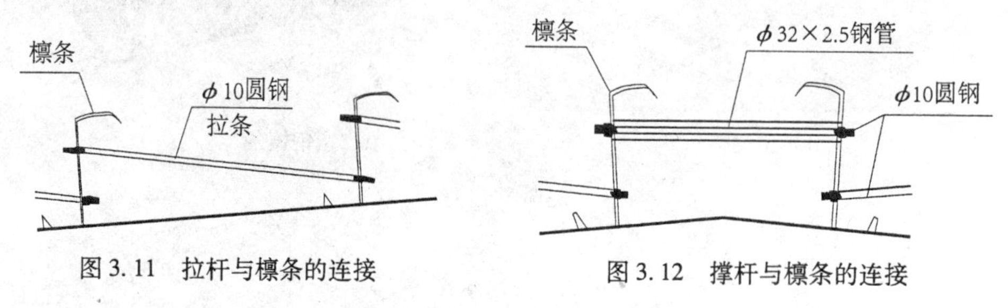

图 3.11　拉杆与檩条的连接　　图 3.12　撑杆与檩条的连接

3.1.3　轻型单层门式刚架的特点

1. 结构自重轻

围护结构由于采用压型金属板、玻璃棉及冷弯薄壁型钢等材料组成，屋面、墙面的质量都很轻，因而支承它们的门式刚架也很轻。根据我国的工程实例统计，单层门式刚架房屋承重结构的用钢量一般为 10～30kg/m^2；在相同的跨度和荷载条件情况下，自重约仅为钢筋混凝土结构的 1/20～1/30。

由于单层门式刚架结构的质量轻，地基的处理费用相对较低，基础尺寸也相对较小，在相同地震烈度下，门式刚架结构的地震反应小，一般情况下，地震作用参与的内力组合对刚架梁、柱构件的设计不起控制作用。但风荷载对门式刚架结构构件的受力影响较大，风荷载产生的吸力可能会使屋面金属压型板、檩条的受力方向相反，当风荷载较大或房屋较高时，风荷载可能是刚架设计的控制荷载。

2. 工业化程度高，施工周期短

门式刚架结构的主要构件和配件均为工厂制作，质量易于保证，在工地安装方便。除基础施工外，现场基本上无湿作业，所需现场施工人员也较少。各构件之间的连接多采用高强度螺栓连接，这是其安装迅速的一个重要原因。

3. 综合经济效益高

门式刚架结构由于材料价格的原因，其造价虽然比钢筋混凝土结构等其他结构形式略高，但由于构件采用先进自动化设备生产制造，原材料的种类较少，易于采购，便于运输，因此，门式刚架结构的工程周期短，资金回报快，投资效益高。

4. 柱网布置比较灵活

传统的结构形式由于受屋面板、墙板尺寸的限制，柱距多为6m，当采用12m柱距时，需设置托架及墙架柱。而门式刚架结构的围护体系则采用金属压型板，所以柱网布置可不受建筑模数限制，柱距大小主要根据使用要求和用钢量最省的原则来确定。

5. 支撑体系轻巧

门式刚架体系的整体性可以依靠檩条、墙梁及隅撑来保证，从而减少了屋盖支撑的数量，同时支撑多用张紧的圆钢做成，很轻便。门式刚架的梁、柱多采用变截面杆，可以节省材料。

3.1.4　单层门式刚架的节点构造

1. 柱脚构造

上部钢结构与下部基础的连接需要传递轴力和弯矩，锚栓承受轴力，剪力由柱底板与基础面之间的摩擦力抵抗，若摩擦力不足以抵抗剪力，则需在柱底板上焊接抗剪键(图3.13)以增大抗剪能力。锚栓一端埋入混凝土中，埋入的长度要以混凝土对其的握裹力不小于其自身强度为原则，所以对于不同的混凝土强度等级和锚栓强度，所需最小埋入长度也不一样。

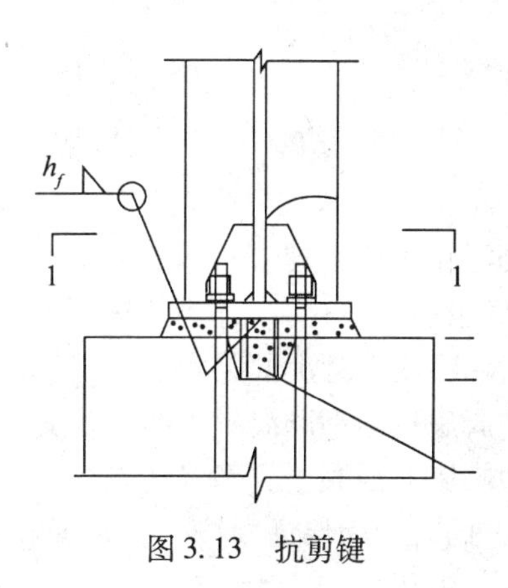

图3.13　抗剪键

锚栓主要有以下两个基本作用：

(1)作为安装时临时的支撑，保证钢柱定位和安装稳定性；

(2)将柱脚底板内力传给基础。

锚栓采用 Q235 或 Q345 钢制作，分为弯钩式和锚板式两种，如图 3.14 所示。

(a)弯钩式

(b)锚板式

图 3.14 常用锚栓

门式刚架的柱脚多按铰接支承设计，通常为平板支座，设一对或两对地脚螺栓。当用于工业厂房且有桥式吊车时，一般将柱脚设计为刚性连接。常见柱脚构造如图 3.15 所示。

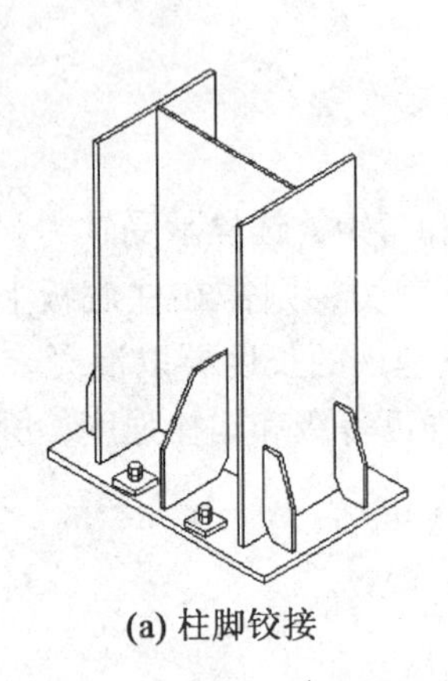

(a) 柱脚铰接

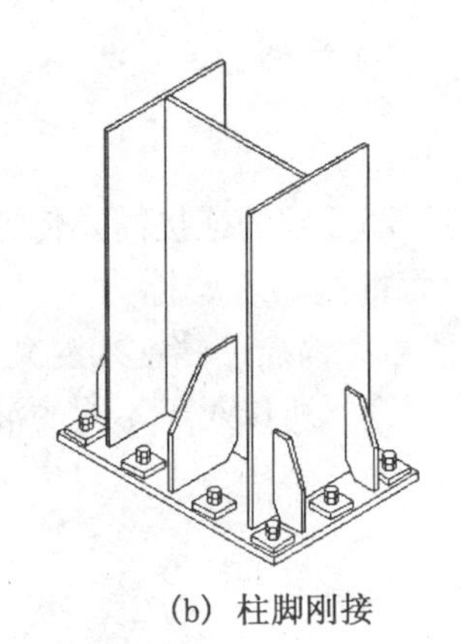

(b) 柱脚刚接

图 3.15 刚接柱脚与铰接柱脚

施工过程中，常常在钢筋混凝土柱上埋好柱脚锚栓(或称地脚螺栓)和抗剪键预留洞口，如图 3.16 所示。将钢柱底板的锚栓孔套入柱脚锚栓，同时将抗剪键放入预留洞口中，用定位螺栓固定并调整垂直度和高度，待上部梁安装完成后，紧固柱脚螺栓，即可完成刚架柱的安装，最后，为保证柱脚底板与钢筋混凝土的良好受力，在柱脚底板与钢筋混凝土柱中间的空隙中浇筑高强度微膨胀的混凝土，确保柱脚底板能均匀地将上部内力传递给钢筋混凝土柱，如图 3.17 所示，同时，为保证柱脚不受地面积水和潮气的腐蚀，在柱脚外围浇筑混凝土将柱脚包裹起来，如图 3.18 所示。

图 3.16　柱脚预留锚栓与抗剪键预留口

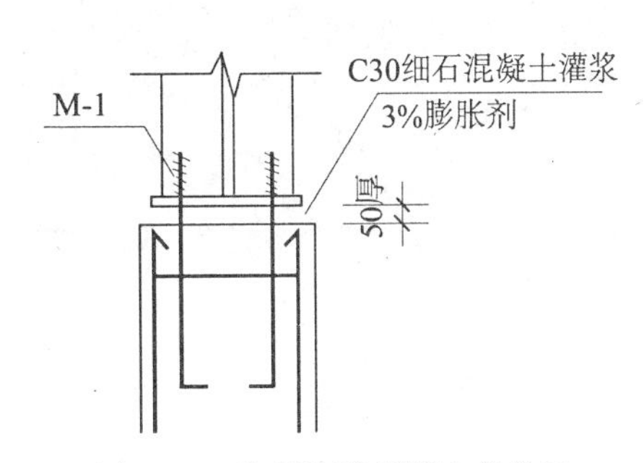

图 3.17　浇筑膨胀混凝土的位置

(a) 安装完成的柱脚

(b) 准备包裹混凝土的柱脚

图 3.18　安装完成的柱脚

2. 刚架梁与刚架柱的构造

主刚架由边柱、刚架梁、中柱等构件组成。边柱和梁通常根据门式刚架受力情况制作成变截面，达到节约材料、降低造价的目的。根据门式刚架横向平面承载、纵向支撑提供平面外稳定的特点，一般采用焊接工字形截面，中柱通常采用宽翼缘工字钢，如图 3. 19 所示。梁、柱为保证自身的局部稳定性需要设置一些加劲板，如图 3. 20 所示。

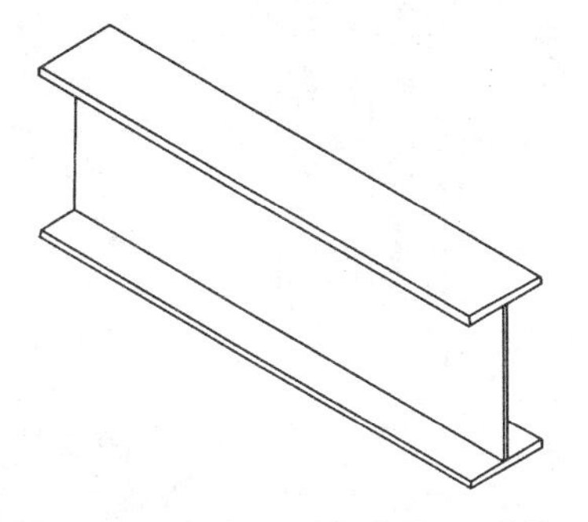

图 3. 19　钢架梁、刚架柱的 H 形截面

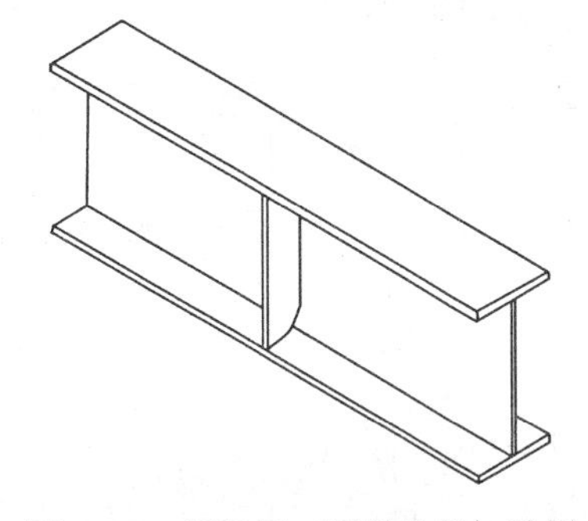

图 3. 20　钢架梁、刚架柱的加劲板

门式刚架可由多个刚架梁、刚架柱单元构件组成，刚架柱一般为单独单元构件，刚架柱的安装在柱脚节点中已介绍。当刚架柱吊装并临时固定后，即准备组装、吊装刚架梁。

1)刚架梁的组装

斜刚架梁一般根据当地运输条件划分为若干个单元。刚架单元构件本身采用焊接，单元之间可通过节点板，以高强度螺栓连接。该连接一般在安装现场(工地)进行，连接方式如图 3.21 所示。

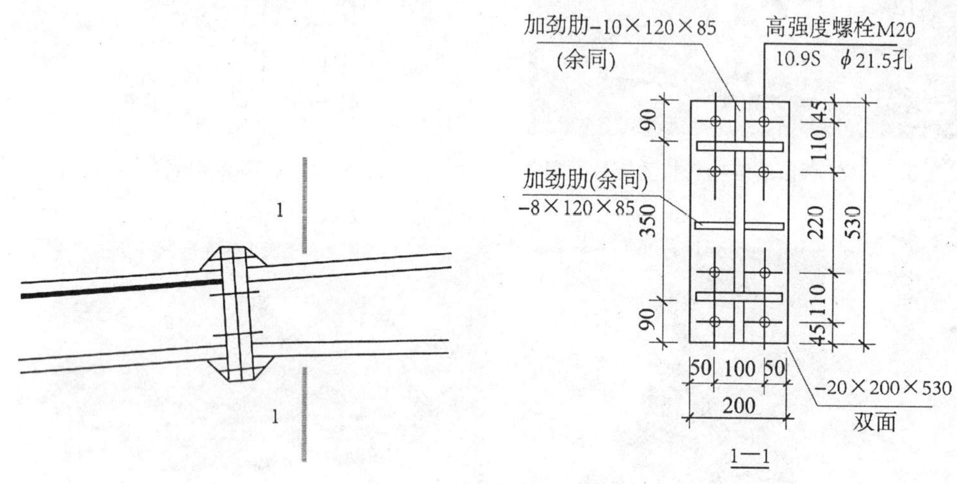

图 3.21 钢架梁的拼接

2)刚架梁的吊装

刚架梁组装完成后，应选择合适的起重设备进行起吊，将刚架梁起吊到需要安装的位置时，组织工人安装刚架梁与刚架柱连接板之间的螺丝。刚架梁与刚架柱的连接如图 3.22 所示。

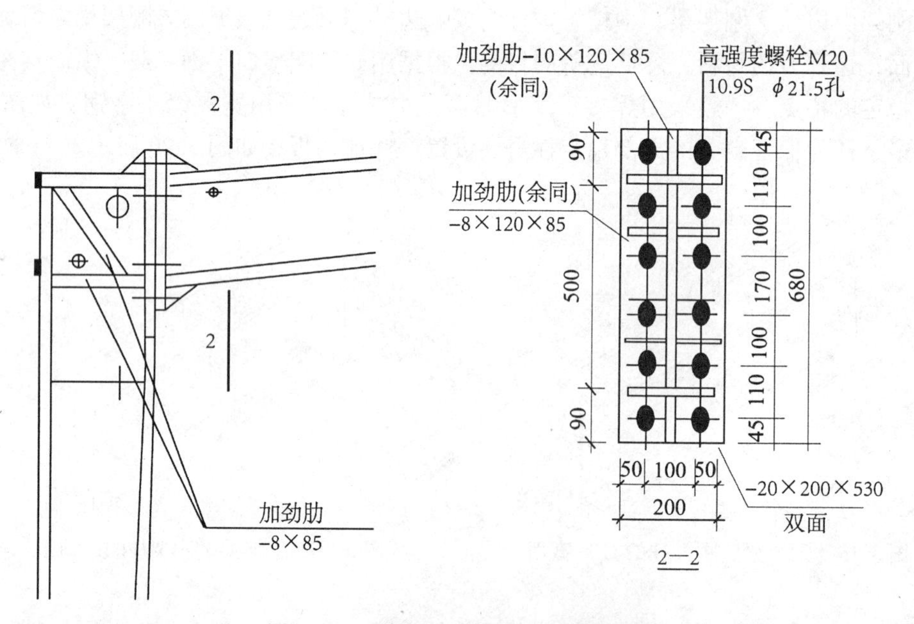

图 3.22 刚架梁与刚架柱的连接构造

3. 系杆与支撑的构造

交叉支撑是轻型钢结构建筑中用于屋顶、侧墙和山墙的标准支撑系统。交叉支撑有柔性支撑和刚性支撑两种。柔性支撑构件为镀锌钢丝绳索、圆钢、带钢或角钢，由于构件长细比较大，故不考虑其抵抗压力作用。在一个方向的纵向荷载作用下，一根受拉，另一根则退出工作。设计柔性支撑时，可对钢丝绳和圆钢施加预拉力，以抵消自重产生的压力，这样计算时可不考虑构件自重。刚性支撑构件为方管或圆管，可以承受拉力和压力。

由于建筑物在长度方向的纵向结构刚度较弱，于是需要沿建筑物的纵向设置支撑，以保证其纵向稳定性。支撑结构及与之相连的两榀主刚架形成了一个完全的稳定开间，在施工或使用过程中，它都能通过屋面檩条或系杆为其余各榀刚架提供最基本的纵向稳定保障。

支撑系统的主要目的是把施加在建筑物纵向上的风荷载、吊车荷载、地震作用等从其作用点传到柱基础，最后传到地基。轻型钢结构的标准支撑系统有斜交叉支撑、门架支撑和柱脚绕弱轴抗弯固接的刚接柱支撑。以下是支撑系统布置的要点：

(1)柱间支撑和屋面支撑必须布置在同一开间内，形成抵抗纵向荷载的支撑桁架。支撑桁架的直杆和单斜杆应采用刚性系杆，交叉斜杆可采用柔性构件。刚性系杆是指圆管、H形截面、Z形或C形冷弯薄壁截面等，柔性构件是指圆钢、拉索等受拉截面。柔性拉杆必须施加预紧力，以抵消其自重作用引起的下垂。

(2)支撑的间距一般为30～40m，不应大于60m。

(3)支撑可布置在温度区间的第一个或第二个开间，当布置在第二个开间时，第一个开间的相应位置应设置刚性系杆。

(4)支撑斜杆能最有效地传递水平荷载，当柱子较高导致单层支撑构件角度过大时，应考虑设置双层柱间支撑。

(5)刚架柱顶、屋脊等转折处应设置刚性系杆。结构纵向于支撑桁架节点处应设置通长的刚性系杆。

(6)轻钢结构的刚性系杆可由相应位置处的檩条兼作，刚度或承载力不足时设置附加系杆。除了结构设计中必须正确设置支撑体系以确保其整体稳定性之外，还必须注意结构安装过程中的整体稳定性。安装时，应该首先构建稳定的区格单元，然后逐榀将平面刚架连接于稳定单元上，直至完成全部结构。在稳定的区格单元形成前，必须施加临时支撑，固定已安装的刚架部分。

3)系杆的构造

系杆通常用钢管制作，端部设置节点板与刚架连接，节点板与系杆轴线平行，采用插入式(图3.23)或封口式(图3.24)方法与系杆焊接在一起。封口式系杆实物图如图3.25所示，系杆端部与刚架梁的连接构造如图3.26所示。

4)支撑的构造

在轻型门式刚架结构中，根据受力的大小，支撑通常用圆钢或角钢制作。圆钢支撑的构造比较简单，在圆钢的两端制成螺纹，将其穿过刚架柱或刚架梁上的预留支撑孔及角钢垫块，用螺帽拧紧即可，如图3.27、图3.28所示。

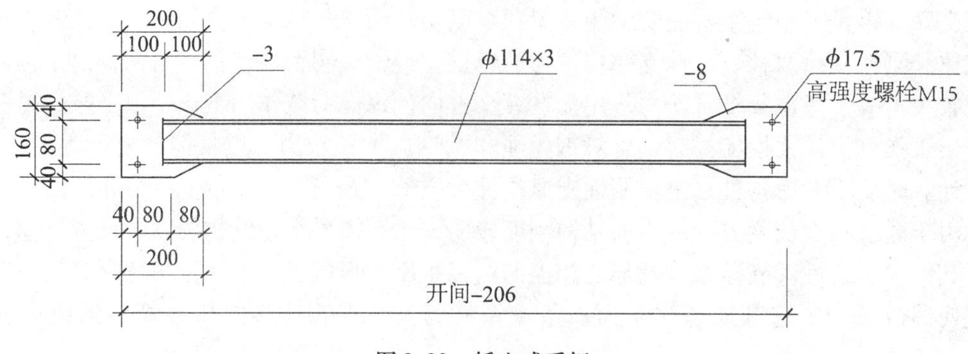

图 3.23　插入式系杆

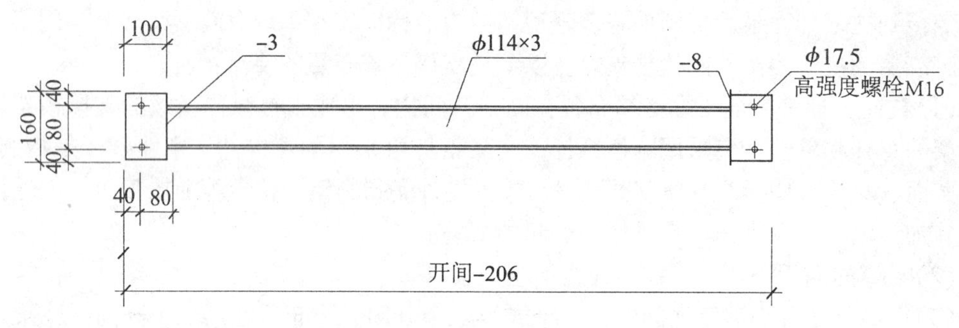

图 3.24　封口式系杆

图 3.25　封口式系杆实物图

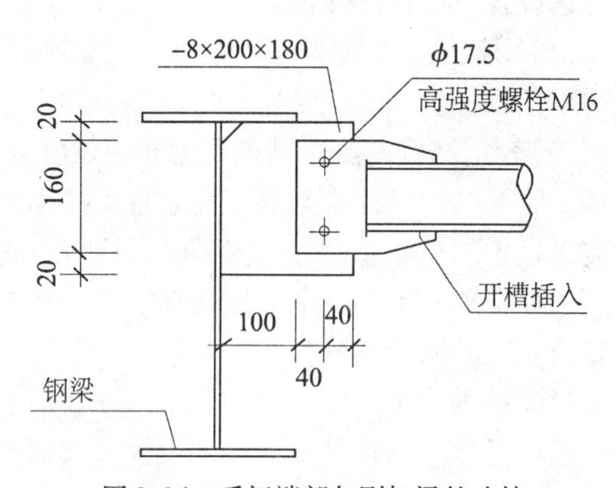

图 3.26　系杆端部与刚架梁的连接

角钢支撑相对复杂一些，主要需要考虑交叉支撑在交叉处的连接，既要求交叉支撑相互连接在一起，又要求交叉支撑各自能自由伸缩，其构造如图 3.29 所示。

4. 檩条的构造

檩条、墙梁和檐口檩条构成轻型钢结构建筑的次结构系统。次结构系统主要有以下作用：

(1)可以支承屋面板和墙面板，将外部荷载传递给主结构；

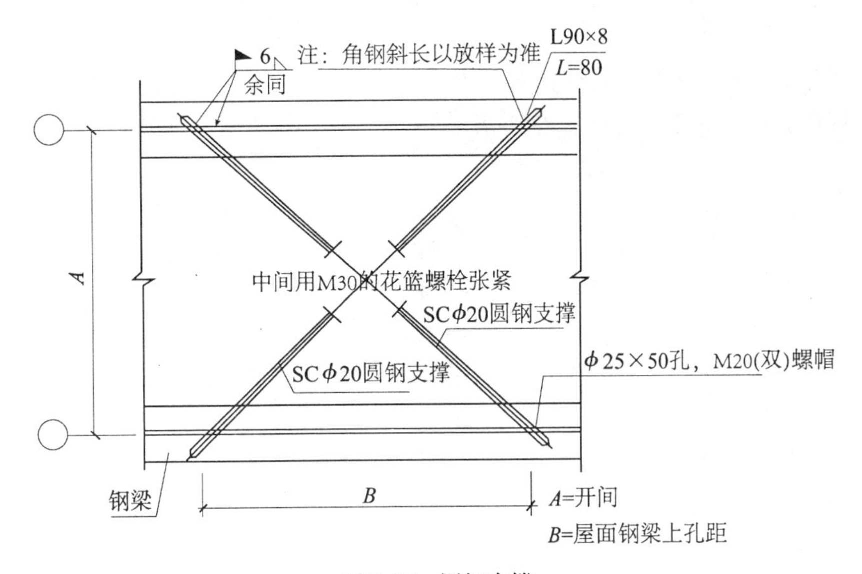

图 3.27　圆钢支撑

(2) 可以抵抗作用在结构上的部分纵向荷载，如纵向的风荷载、地震作用等；

(3) 作为主结构的受压翼缘支撑而成为结构纵向支撑体系的一部分。

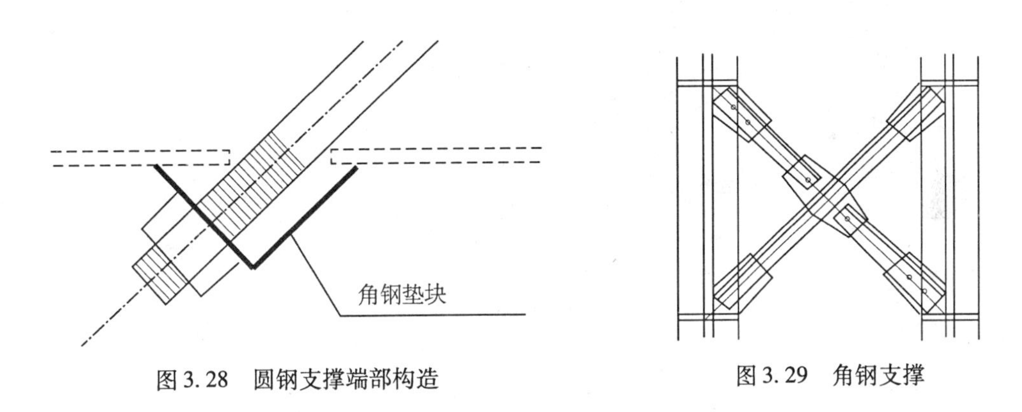

图 3.28　圆钢支撑端部构造　　图 3.29　角钢支撑

檩条是构成屋面水平支撑系统的主要部分；墙梁是墙面支撑系统中的重要构件；檐口檩条位于侧墙和屋面的接口处，对屋面和墙面都起到支撑的作用。

轻型门式刚架的檩条构件可以采用 C 型冷弯卷边槽钢和 Z 型带斜卷边或直卷边的冷弯薄壁型钢。构件的高度一般为 140 ~ 300mm，厚度为 1.4 ~ 2.5mm。冷弯薄壁型钢构件一般采用 Q235，大多数檩条表面涂层采用防锈底漆，也有采用镀铝或镀锌的防腐措施。

1) 檩条间距和跨度的布置

檩条的设计首先应考虑天窗、通风屋脊、采光带、屋面材料及檩条供货规格的影响，以确定檩条间距，并根据主刚架的间距确定檩条的跨度。

2) 简支檩条和连续檩条的构造

檩条构件可以设计为简支构件，也可以设计为连续构件。简支檩条和连续檩条一般通过搭接方式的不同来实现。简支檩条不需要搭接长度，Z 型檩条的简支搭接方式其搭接长度很小；对于 C 型檩条，可以分别连接在檩托上。采用连续构件可以承受更大的荷载和变形，因此比较经济。檩条的连续化构造也比较简单，可以通过搭接和拧紧来实现。带斜卷边的 Z 型檩条可采用叠置搭接，卷边槽形檩条可采用不同型号的卷边槽形冷弯型钢套来搭接。

3）隅撑的设置和构造

由于刚架梁跨度大、截面小，特别是上翼缘宽度较小，一般无法直接满足整体稳定性验算，为节约造价，有必要将檩条作为刚架梁的侧向支撑，通常的做法是：每间隔一根檩条将其作为刚架梁的侧向支撑，但檩条本身的线刚度也比较小，无法直接承受作为侧向支撑的压力，所以在檩条的两端设置隅撑，用隅撑来改善檩条端部的约束条件，使其从铰接变为刚接，显著减小其计算长度，提高檩条的受压能力，使其能作为刚架梁的侧向支撑。隅撑构造如图 3. 30、图 3. 31 所示。

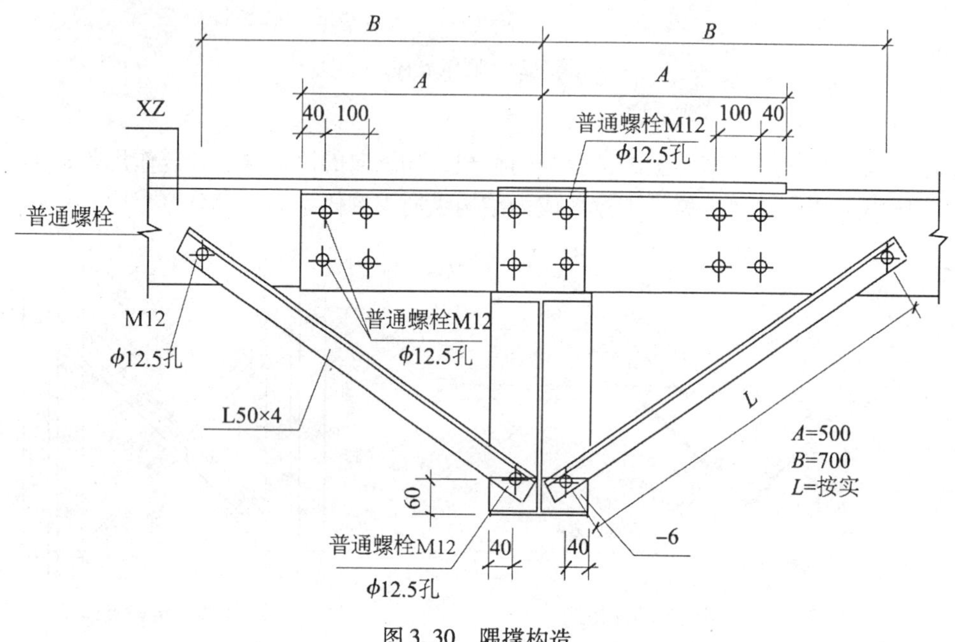

图 3. 30　隅撑构造

4）檩条自身的整体稳定性

外荷载作用下，檩条同时产生弯曲和扭转的共同作用；冷弯薄壁型钢本身板件宽厚比大，抗扭刚度不足；荷载通常位于上翼缘的中心，荷载中心线与剪力中心相距较大；因为坡屋面的影响，檩条腹板倾斜，扭转问题将更加突出。所有这些说明，侧向支撑是保证冷弯薄壁型钢檩条稳定性的重要保障。

（1）屋面板的支撑作用。将屋面视为一大构件，承受平行于屋面方向的荷载，称为屋面的蒙皮效应。考虑蒙皮效应的屋面板必须具有合适的板型、厚度及连接性能，这样的屋面板主要是一些用自攻螺丝连接的屋面板，可以作为檩条的侧向支撑，使檩条的稳定性提高很多。

图3.31　隅撑图片

(2)拉杆和撑杆。提高檩条稳定性的重要构造措施是采用拉杆或撑杆从檐口一端通长连接到另一端，连接每一根檩条。檩条的侧向支撑不宜太少，根据檩条跨度的不同，可以在檩条中央均匀设置一道、二道或三道拉杆。一般情况下，檩条上翼缘受压，所以拉条设置在檩条上翼缘1/3高的腹板范围内。

①当檩条跨度 $L \leqslant 4$m 时，通常可不设拉条或撑杆；当 $4\text{m} < L \leqslant 6$m 时，可仅在檩条跨中设置一道拉条，檐口檩条间应设置撑杆和斜拉条；当 $L > 6$m 时，宜在檩条跨间三分点处设置两道拉条，檐口檩条间应设置撑杆和斜拉条。

②当屋面有天窗时，宜在天窗两侧檩条间设置撑杆和斜拉条。

③当檩距较密时，可根据檩条跨度大小设置拉条及撑杆，以使斜拉条和檩条的交角不致过小，确保斜拉条拉紧。

④对称的双坡屋面，可仅在脊檩间设置撑杆，不设斜拉条，但在设计脊檩时应计入一侧所有拉条的竖向分力。

(3)檩托。在简支檩条的端部或连续檩条的搭接处，设置檩托是比较妥善的防止檩条在支座处倾覆或扭转的方法。檩托常采用角钢制作，高度达到檩条高度的3/4，且与檩条以螺栓连接。

檩托除用角钢制作，也可用钢板制作，一般来说，角钢制作的檩托对檩条端部的约束较弱，但其制作比较简便，如图3.32所示；钢板制作的檩托可根据需要增大其对檩条端部的约束，但其制作比较费工，如图3.33所示。

3.1.5　单层门式刚架常用构件代号

为便于施工图的表达，通常对门式钢架结构中的常用构件用代号表示。

(1)门式刚架：GJ××，如GJ1；

(2)系杆：XG××，如XG2；

(3)水平支撑：SC××，如SC1；

(4)柱间支撑：ZC××，如ZC2；

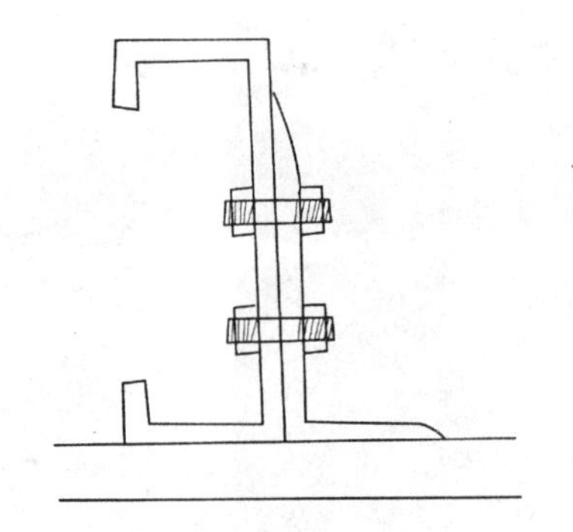

图 3.32　角钢檩托构造

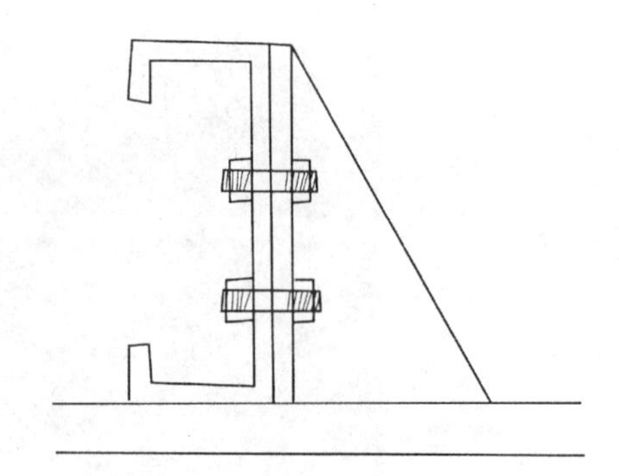

图 3.33　钢板檩托构造

(5)檩条：LT××，如 LT2；
(6)隅撑：YC××，如 YC1；
(7)拉杆：LG××，如 LG2；斜拉杆：XLG××，如 XLG3；
(8)撑杆：CG××，如 CG2；
(9)抗风柱：KFZ××，如 KFZ3。

3.2　多高层钢结构施工图识读

钢结构房屋优先适用于大跨度、大高度的房屋。如前所述，门式刚架结构主要适用于大跨度的房屋。对于高度较大的钢结构房屋，主要采用框架结构和框架-支撑结构，框架结构和框架-支撑结构自重较小、承载力高，但侧向刚度较小，不适宜建造高度大于200m以上的房屋，否则会在风和地震的作用下发生较大的水平晃动，对于高度接近或大于200m 的房屋，通常采用由钢筋混凝土材料和钢材共同组成的混合结构。钢结构房屋可建造的最大高度见表 3.1。

表 3.1　**钢结构房屋的最大适用高度**　(单位：m)

结构类型	6~7 度	7 度	8 度		9 度
	0.10g	0.15g	0.20g	0.30g	0.40g
框架结构	110	90	90	70	50
框架-中心支撑结构	220	200	180	150	120
框架-偏心支撑结构	240	220	200	180	160

3.2.1　多层及高层结构的分类

1. 多层钢结构

多层钢结构的结构体系主要有框架体系、斜撑体系。

1)框架体系

该结构体系是最早用于高层建筑的结构形式，柱距宜控制在6～9m范围内，次梁间距一般以3～4m为宜。

该结构体系的主要优点：平面布置较灵活，刚度分布均匀，延性较大，自振周期较长，对地震作用不敏感。

2)斜撑结构

框架结构上设置适当的支撑或剪力墙，用于地震区时，具有双重设防的优点。该结构体系可用于不超过40～60层的高层建筑。其受力特点如下：

(1)内部设置剪力墙式的内筒，与其他竖向构件主要承受竖向荷载；

(2)外筒体采用密排框架柱和各层楼盖处的深梁刚接，形成一个悬臂筒(竖直方向)以承受侧向荷载；

(3)同时设置刚性楼面结构作为框筒的横隔。

2. 高层钢结构

高层钢结构的结构体系主要有框架体系、框架-支撑(剪力墙板)体系、筒体结构体系(框筒、筒中筒、桁架筒、束筒等)或巨型框架体系。

1)框架体系

该结构体系是沿房屋纵、横方向由多榀平面框架构成的结构体系。这类结构的抗侧向荷载的能力主要取决于梁柱构件和节点的强度与延性，故节点常采用刚性连接。

2)框架-支撑体系

该结构体系是在框架体系中沿结构的纵、横两个方向均匀布置一定数量的支撑所形成的结构体系。该结构体系的布置由建筑要求及结构功能来确定。

该结构体系的选择与是否抗震有关，也与建筑物的层高、柱距以及建筑使用要求有关。

(1)中心支撑：是指斜杆、横梁及柱汇交于一点的支撑体系，或两根斜杆与横杆汇交于一点，也可与柱子汇交于一点，但汇交时均无偏心距。

(2)偏心支撑：是指支撑斜杆的两端，至少有一端与梁相交(不在柱节点处)，另一端可在梁与柱交点处连接，或偏离另一根支撑斜杆一段长度与梁连接，并在支撑斜杆杆端与柱子之间构成一耗能梁段，或在两根支撑与杆之间构成一耗能梁段的支撑体系。

(3)框架-剪力墙板体系：是以钢框架为主体，并配置一定数量的剪力墙板。剪力墙板的主要类型有：钢板剪力墙板、内藏钢板支撑剪力墙墙板、带竖缝钢筋混凝土剪力墙板。

3)筒体结构体系

筒体结构体系可分为框架筒、桁架筒、筒中筒及束筒等。

4)巨型框架体系

巨型框架体系由柱距较大的立体桁架梁柱及立体桁架梁构成。

3.2.2　多层及高层钢结构的特点

钢结构是用钢板、热轧型钢或冷加工成型的薄壁型钢制造而成的。与其他建筑材料的结构相比，钢结构有如下一些特点：

1. 材料的强度高，塑性和韧性好

钢与混凝土、砌体相比，虽然质量密度较大，但其屈服点较混凝土和木材要高得多，其质量密度与屈服点的比值相对较低。在承载力相同的条件下，钢结构与钢筋混凝土结构、砌体结构相比，构件较小，重量较轻，便于运输和安装，特别适用于跨度大或荷载很大的构件和结构。

钢结构在一般条件下不会因超载而突然断裂，对动力荷载的适应性强；具有良好的吸能能力和延性，使钢结构具有优越的抗震性能。但另一方面，由于钢材的强度高，做成的构件截面小而壁薄，受压时需要满足稳定的要求，强度有时不能充分发挥。

2. 材质均匀，与力学计算的假定比较符合

钢材内部组织比较接近于匀质和各向同性，而且在一定的应力幅度内几乎是完全弹性的，弹性模量大，有良好的塑性和韧性，为理想的弹塑性体。因此，钢结构的实际受力情况和工程力学计算结果比较符合。钢材在冶炼和轧制过程中质量可以得到严格控制，材质波动的范围小。

3. 制造简便，施工周期短

钢结构所用的材料单纯而且是成材，加工比较简便，并能使用机械操作。钢结构生产具备成批大件生产和高度准确性的特点，大量的钢结构构件一般在专业化的金属结构工厂制作，按工地安装的施工方法拼装，所以其生产作业面多，可缩短施工周期，进而为降低造价、提高效益创造条件。已建成的钢结构也比较容易进行改建和加固，用螺栓连接的结构还可以根据需要进行拆迁。

4. 重量轻

钢材的密度虽比混凝土等建筑材料大，但钢结构却比钢筋混凝土结构重量轻，因为钢材的强度与密度之比要比混凝土大得多。以同样的跨度承受同样荷载，钢屋架的重量最多不超过钢筋混凝土屋架的1/3～1/4(冷弯薄壁型钢屋架甚至接近1/10)，为吊装提供了方便条件。对于需要长距离运输的结构构件，如建造在交通不便的山区和边远地区的工程，重量轻也是一个重要的有利条件。

5. 具有一定的耐热性

温度在250℃以内，钢材的性质变化很小；温度达到300℃以上，钢材强度逐渐下降；温度达到450～650℃时，钢材强度降为零。因此，钢结构可用于温度不高于250℃的场合。在自身有特殊防火要求的建筑中，钢结构必须用耐火材料予以维护。当防火设计不当或者防火层处于破坏的状况下，将有可能产生灾难性的后果。钢材长期经受100℃辐射热时，强度没有多大变化，具有一定的耐热性能，但温度达150℃以上时，就必须用隔热层加以保护，如利用蛭石板、蛭石喷涂层或石膏板等加以防护。

6. 抗腐蚀性较差

钢结构的最大缺点是易于腐蚀。新建造的钢结构一般都需仔细除锈、镀锌或刷涂料。以后隔一定时间还要重新刷涂料，维护费用较钢筋混凝土和砌体结构高。目前，国内外正在发展不易锈蚀的耐候钢，其具有较好的抗锈性能，已经逐步推广应用，可大量节省维护费用，并取得了良好的效果。

3.2.3 多层及高层钢结构的组成

钢结构设计的基本原则是：结构必须有足够的强度、刚度和稳定性，整个结构安全可

靠；结构应符合建筑物的使用要求，有良好的耐久性；结构方案尽可能节约钢材，减轻钢结构重量；尽可能缩短制造、安装时间，节约劳动工日；结构构件应便于运输、便于维护，在可能条件下，尽量注意美观，特别是外露结构，应有一定建筑美学要求。按照上述原则，根据实际案例，建筑设计的布置和功能要求，应综合考虑结构的经济性、建筑设计的特点和施工合理性等因素，采用钢框架-支撑和钢框架-剪力墙结构体系。

1. 梁柱体系

建筑结构平面采用普通梁柱体系。梁采用热轧焊接 H 形截面钢梁，柱为焊接箱形钢柱。整个结构设计成刚性框架结构，竖向荷载由梁、板、柱承担。框架的梁与梁、梁与柱、柱与基础均按刚性连接设计，现场连接采用高强螺栓与焊接共同作用。次梁为 H 形截面单跨简支梁，设计主、次梁时均不考虑楼盖与钢梁的组合作用。

2. 抗剪体系

在全部水平风荷载和地震作用下，上述结构体系局部刚度较弱，因此钢框架-支撑结构体系通过布置中心支撑来抵抗水平荷载。钢框架-剪力墙结构体系通过布置中间部分电梯井与楼梯间钢筋混凝土剪力墙，来抵抗水平外力的冲击。

3. 楼盖体系

一般各层楼(屋)盖均采用钢筋混凝土楼(屋)盖，楼板厚度依结构计算定为 110 ~ 140mm。在结构计算中，认为楼盖刚度足够大，符合平面内无限刚性的假定。

4. 基础形式

钢框架-支撑采用柱下独基，钢框架-剪力墙采用柱下独基与筏板基础。

5. 内外墙体系

钢框架-剪力墙一般采用蒸压轻质加气混凝土板材(简称 ALC 板材)，外墙板厚 200mm，内墙板厚 100mm。钢框架-支撑采用陶粒混凝土砌块。

3.2.4 多层及高层钢结构的构造

1. 梁板柱体系的构造

在多层级高层钢结构房屋中，主要的受力体系为梁柱体系(也称为框架体系)，梁柱体系的布置(图 3.34)与主要建筑功能有关。

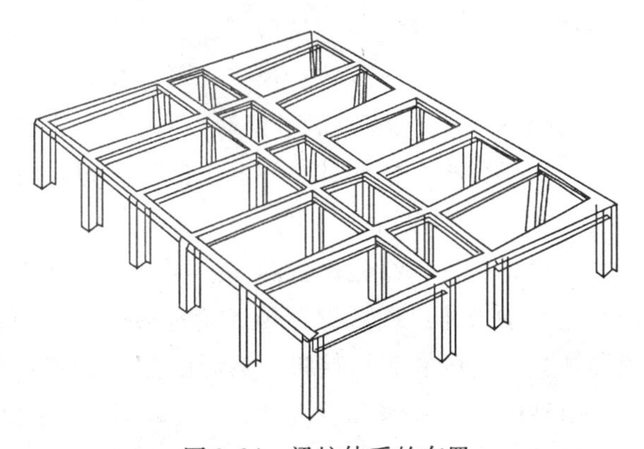

图 3.34　梁柱体系的布置

钢框架结构主要由框架柱、框架梁、次梁、楼板组成，其中，框架柱和框架梁的材料为钢材，截面形状为工字形或箱形，如图 3.35 所示；次梁的材料也为钢材，但截面形状一般以工字形为主；楼板材料为钢筋混凝土或钢材，也可采用压型钢板和钢筋混凝土共同组成的组合楼板，如图 3.36 所示。

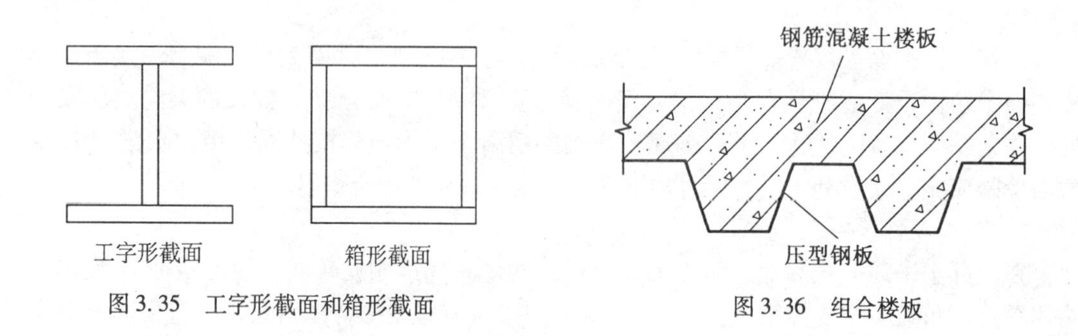

图 3.35 工字形截面和箱形截面

图 3.36 组合楼板

组合楼板中的压型钢板可显著提高楼板的抗弯承载力，而且施工时也可利用压型钢板作为钢筋混凝土楼板的模板，无需另外制作模板，同时，压型钢板与钢梁的连接比混凝土板与钢梁的连接相对可靠。

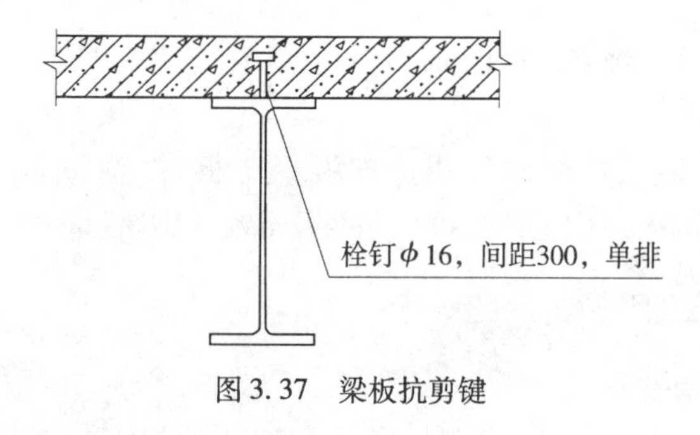

图 3.37 梁板抗剪键

钢筋混凝土楼板与钢梁的连接面由于比较平整、光滑，导致板与梁的连接不太可靠，且几乎无法传递剪力，故在梁、板相交处设置抗剪键，如图 3.34 所示。

框架梁与框架柱之间一般以刚接的方式进行连接，可有效减小框架梁在重力荷载下的弯矩，同时也可使框架结构更好地承受由风荷载和地震荷载产生的水平变形。通常，根据柱的截面形状和大小不同，框架梁与梁框架柱之间的连接有不同的构造形式。

1）工字形截面框架柱与框架梁刚接（图 3.38）

柱翼缘处的弯矩传力情况：在柱翼缘处的连接中，梁的弯矩主要由上、下翼缘承担，梁上、下翼缘中由弯矩产生的轴力通过现场焊缝传递给柱翼缘，柱翼缘受到弯矩作用后，通过焊缝传递给柱腹板和柱腹板处的翼缘连接板，然后由柱腹板和柱腹板处的翼缘连接板传递给柱另一侧的翼缘，由柱的两个翼缘和腹板共同承受由梁传来的弯矩。

柱翼缘处的剪力传力情况：在柱翼缘处的连接中，梁的剪力主要由腹板承担，腹板通过 6 个螺栓将剪力传递给柱翼缘处的腹板连接板（图 3.35 中被挡住），柱腹板处的腹板连

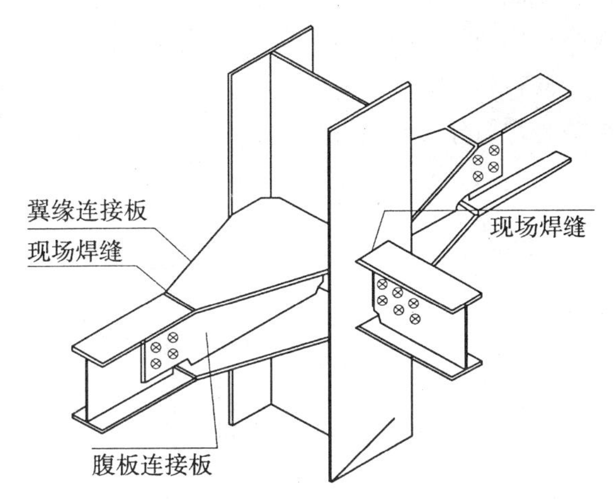

图 3.38　工字形截面框架柱与框架梁刚接

接板通过焊缝将剪力传递给柱翼缘，柱翼缘再通过焊缝将剪力传递给柱腹板，此时梁的剪力就转换为柱的轴力，由此完成梁剪力的传递。

柱腹板处的弯矩传力情况：在柱腹板处的连接中，梁的弯矩仍主要由上、下翼缘承担，梁上、下翼缘中由弯矩产生的轴力通过现场焊缝传递给柱腹板处的翼缘连接板，柱腹板处的翼缘连接板受到轴力作用后通过焊缝传递给柱腹板和柱翼缘，由此完成梁弯矩的传递。

柱腹板处的剪力传力情况：在柱翼缘处的连接中，梁的剪力仍旧主要由腹板承担，腹板通过 4 个螺栓将剪力传递给柱腹板处的腹板连接板，柱腹板处的腹板连接板通过焊缝将剪力传递给柱腹板，柱腹板此时已将梁的剪力转换为轴力，并通过柱腹板和翼缘之间的焊缝将轴力扩散到整个柱截面中，由此完成剪力的传递。

2)箱形截面框架柱与框架梁刚接(图 3.39)

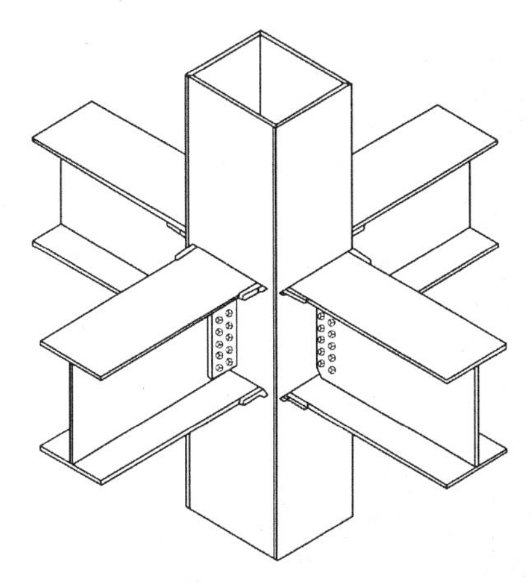

图 3.39　箱形截面框架柱与框架梁刚接

箱形截面柱与梁的连接比较简单，此连接类似于柱翼缘处的连接，但是要注意的是，箱形柱内部一般设置有横隔和竖隔，横隔的位置在梁上、下翼缘对应处，横隔可将梁上、下翼缘传递来的轴力均匀分布到箱形柱的其他边。竖隔的位置在梁腹板对应处，横隔可将梁上、下翼缘传递来的轴力均匀分布到相形柱的四个边(图 3. 40)。

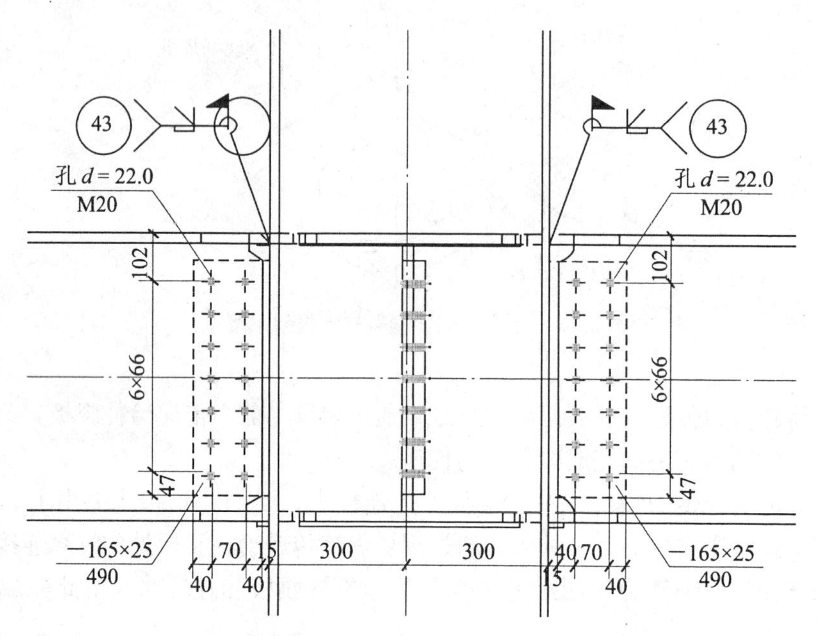

图 3. 40　箱形截面框架柱与框架梁刚接节点的剖面图

3) 圆形截面框架柱与框架梁刚接(图 3. 41)

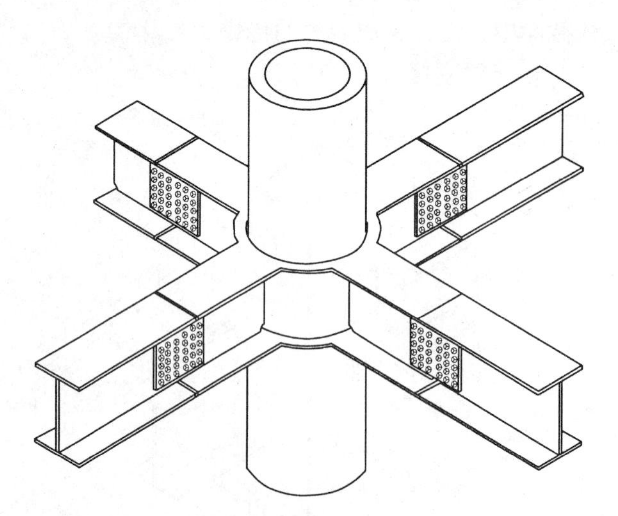

图 3. 41　圆形截面框架柱与框架梁刚接

圆形截面柱与梁的连接与箱形类似，圆形柱内也需设置横隔和竖隔，用以传递和分散内力。

4)梁的拼接

梁的拼接依施工条件的不同，可分为工厂拼接和工地拼接。

(1)工厂拼接：是为受到钢材规格或现有钢材尺寸限制而做的拼接。翼缘和腹板的工厂拼接位置最好错开，并应与加劲柱和连接次梁的位置错开，以避免焊缝集中。在工厂制造时，常先将梁的翼缘板和腹板分别接长，然后再拼装成整体，可以减少梁的焊接应力。翼缘和腹板的拼接焊缝一般都采用正面对接焊缝，在施焊时用引弧板。

(2)工地拼接：是受到运输或安装条件限制而做的拼接。此时需将梁在工厂分成几段制作，然后再运往工地。对于仅受到运输条件限制的梁段，可以在工地地面上拼装，焊接成整体，然后吊装；而对于受到吊装能力限制的梁段，则必须分段吊装，在高空进行拼接和焊接。工地拼接一般应使翼缘和腹板在同一截面或接近于同一截面处断开，以便于分段运输。将梁的上、下翼缘板和腹板的拼接位置适当错开，可以避免焊缝集中在同一截面。这种梁段有悬出的翼缘板，运输过程中必须注意防止碰撞损坏。对于铆接梁和较重要的或受动力荷载作用的焊接大型梁，其工地拼接常采用高强度螺栓连接。此种拼接在拼接处同时有弯矩和剪力的作用。设计时，必须使拼接板和高强度螺柱都具有足够的强度，满足承载力要求，并保证梁的整体性。

5)主、次梁的连接

根据次梁端部约束的不同，次梁可以简支于主梁，其构造如图 3. 42 所示，构件也可以在和主梁连接处做成连续，其构造如图 3. 43 所示。

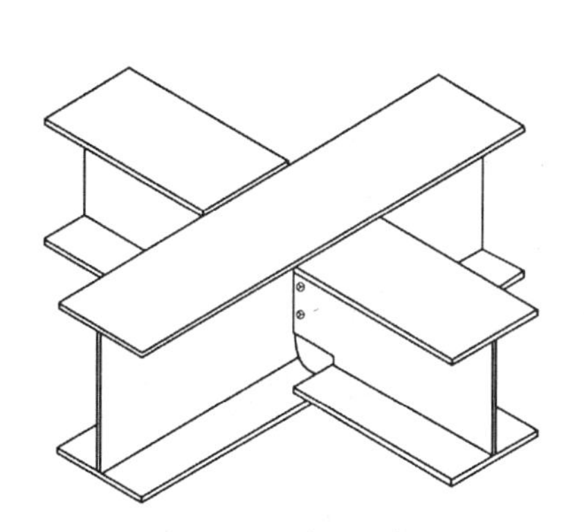

图 3. 42　简支次梁构造

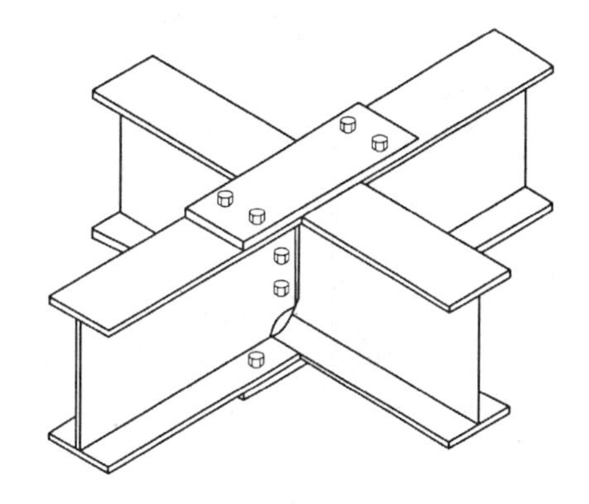

图 3. 43　连续次梁构造

就主、次梁相对位置的不同，连接构造也可以区分为叠接和侧面连接，图 3. 42、图 3. 43 所示为侧面连接，叠接即将次梁放置于主梁之上，如图 3. 44 所示。

当次梁为简支梁时，若采用叠接，可将次梁直接放在主梁上，用螺栓或焊缝固定其相互位置，不需计算。为避免主梁腹板局部压力过大，在主梁相应位置应设支承加劲肋。这种连接方式的优点是叠接构造简单、安装方便；缺点是主、次梁所占净空大，不宜用于楼层梁系。若采用侧面连接，则构造相对较复杂，但所占空间相对较小。

当次梁为连续梁时，若采用叠接，次梁可连续通过，不在主梁上断开。当次梁需要拼接时，拼接位置可设在弯矩较小处。主梁和次梁之间可用螺栓或焊缝固定它们之间的相互位置。若采用侧面连接，次梁剪力通过连接板传给主梁，而次梁端弯矩则传给邻跨次梁，相互平衡，对主梁不产生扭矩。

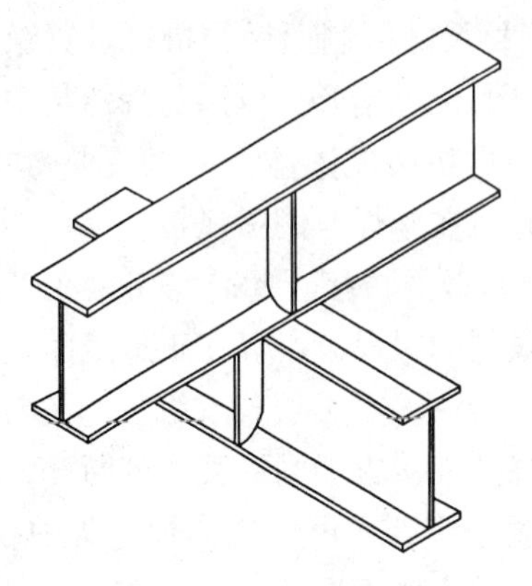

图 3.44　主次梁叠接

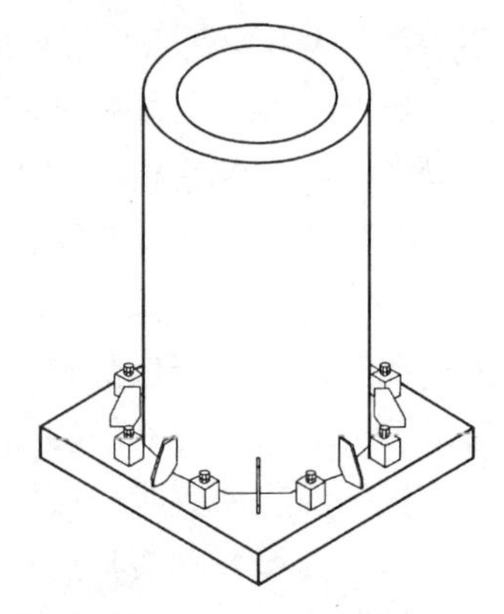

图 3.45　圆形截面框架柱柱脚

2. 柱脚的构造

框架结构中的柱脚与基础一般为刚接，此连接需将柱底弯矩传递至基础，故需要更多的螺栓，且螺栓的位置更加分散，以达到更大的惯性矩，如图 3.45、图 3.46、图 3.47 所示。

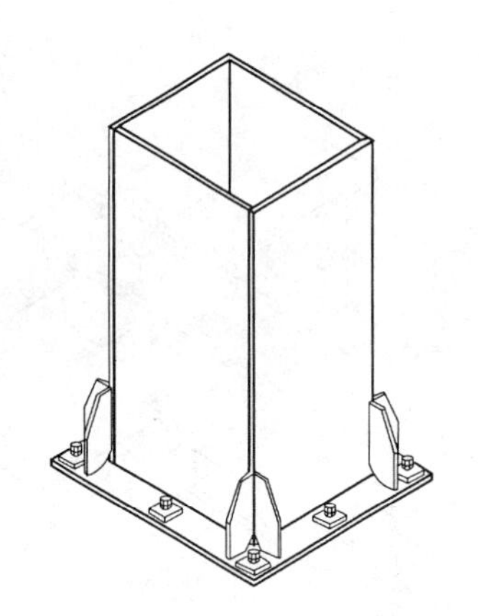

图 3.46　工字形截面框架柱柱脚

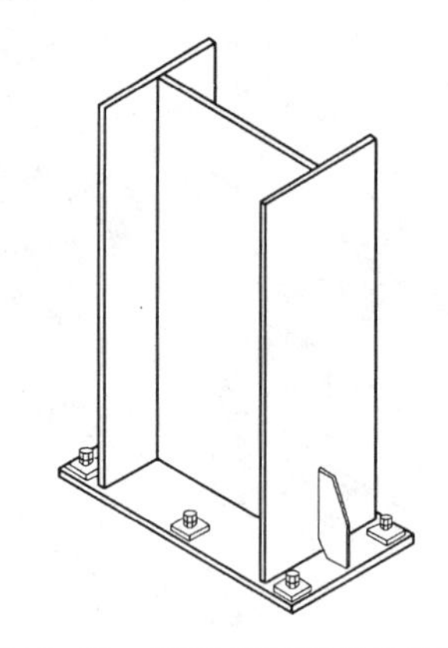

图 3.47　箱形截面框架柱柱脚

柱脚螺栓与基础的构造与门式钢架结构的柱脚一样，此处不再赘述。

3. 支撑体系的构造

为增强框架结构的整体性、提高框架结构的抗侧力刚度，通常在高层框架结构中加入支撑体系，如著名的中央电视台新台址，可直接从外观上看到支撑体系，如图 3.48 所示；也有斜柱、支撑共同作为抗侧力体系的建筑物，如广州塔，如图 3.49 所示。

在简单的框架-支撑结构体系中，支撑一般分为中心支撑和偏心支撑。中心支撑的支撑杆件的轴线与梁和柱的轴线汇交于一点，如图 3.50 所示；而偏心支撑的支撑杆件的轴线则不通过梁柱轴线汇交点，专门留出一部分梁段作为耗能梁段，如图 3.51 所示，多用于抗震设防烈度较高的地区。

图 3.48　中央电视台大楼

图 3.49　广州塔

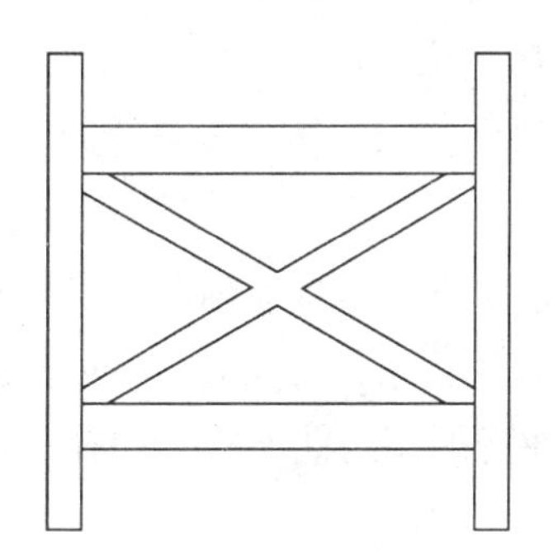

图 3.50　交叉形中心支撑

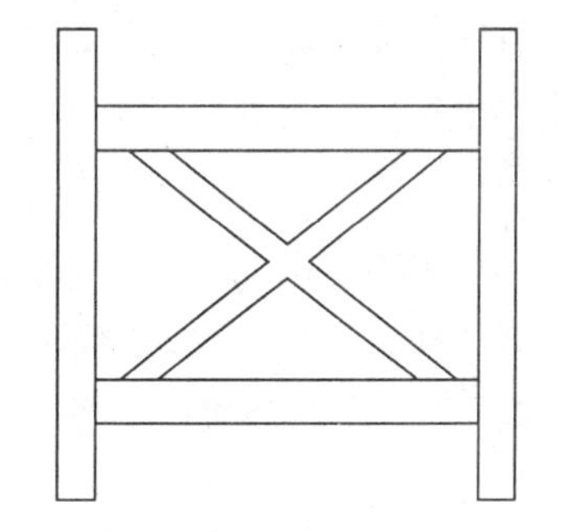

图 3.51　交叉形偏心支撑

除图 3.50、图 3.51 所示的交叉支撑，工程中也会设置一些人字形支撑，如图 3.52、图 3.53 所示。

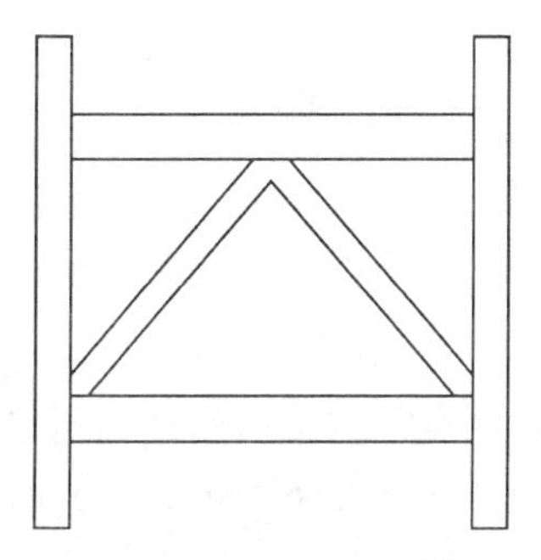

图 3.52　人字形中心支撑

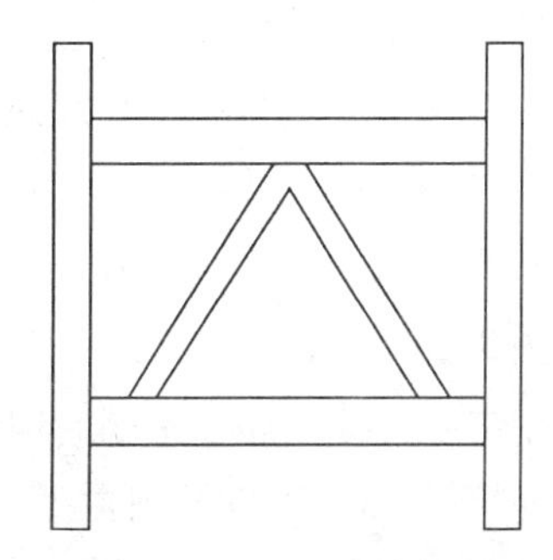

图 3.53　人字形偏心支撑

中心支撑的端部与梁柱节点的连接如图3.54、图3.55所示。

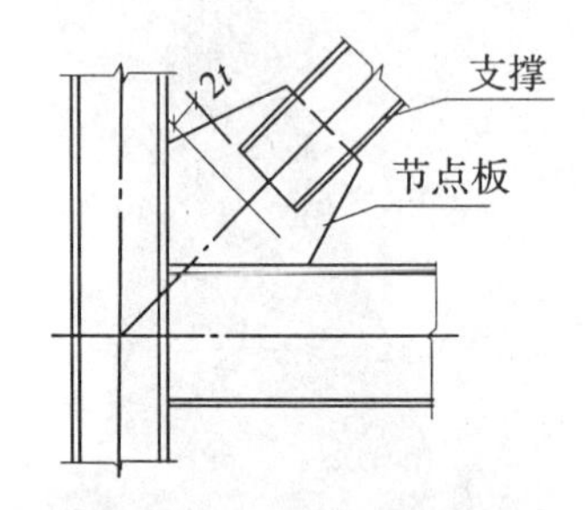

图3.54 中心支撑端部连接构造

图3.55 中心支撑图片

偏心支撑之所以支撑端点不与梁柱节点重合，主要是在两端预留一小段消能梁段，它在反复荷载(地震荷载或风荷载)作用下具有较好的滞回性能，能够保证框架结构在承受超过设计的荷载或反复荷载时不至于发生节点破坏，从而达到“强节点、弱构件”的要求。

为使消能梁段在反复荷载作用下具有良好的滞回性能，需采取合适的构造，并加强对腹板的约束：

(1)支撑斜杆轴力的水平分量成为消能梁段的轴向力，当此轴向力较大时，除降低此梁段的受剪承载力外，还需减少该梁段的长度，以保证它具有良好的滞回性能；

(2)由于腹板上贴焊的补强板不能进入弹塑性变形，因此不能采用补强板，腹板上开洞也会影响其弹塑性变形能力；

(3)消能梁段与支撑斜杆的连接处需设置与腹板等高的加劲肋，以传递梁段的剪力，并防止梁腹板屈曲；

(4)消能梁段腹板的中间加劲肋需按梁段的长度区别对待，较短时为剪切屈服型，加劲肋间距小些；较长时为弯曲屈服型，需在距端部1.5倍的翼缘宽度处配置加劲肋；中等长度时需同时满足剪切屈服型和弯曲屈服型的要求。

偏心支撑的斜杆中心线与梁中心线的交点一般在消能梁段的端部，也允许在消能梁段内，此时将产生与消能梁段端部弯矩方向相反的附加弯矩，从而减少消能梁段和支撑杆的弯矩，对抗震有利；但交点不应在消能梁段以外，否则将增大支撑和消能梁段的弯矩，对抗震不利，如图3.56所示。

当然，采用中心支撑并加强梁端的构造也可起到良好的抗震作用，比如日本经常采用的梁端扩大式连接(图3.57)和美国常用的狗骨式连接(图3.58)，都可以保证梁端不会在梁中受损之前破坏或者屈服。

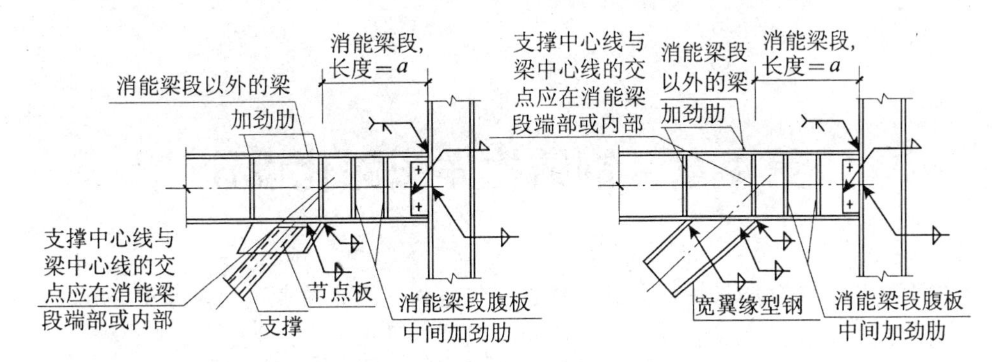

图3.56　偏心支撑端部连接构造

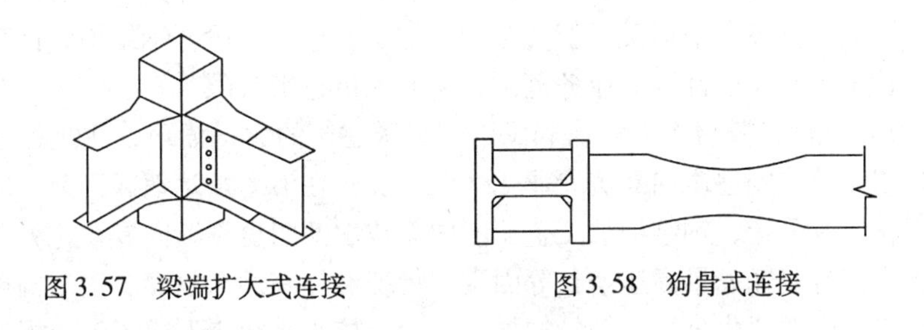

图3.57　梁端扩大式连接　　图3.58　狗骨式连接

☞**课后拓展**

1. 识读一些施工图纸，尝试计算其钢材用量。

2. 通过图书馆、因特网等方式查阅多套钢结构设计图和详图，思考设计图和详图的主要区别，从设计图到详图的过程中增加了哪些内容，需要具备哪些知识。

第4章 钢结构详图深化设计

☞**主要内容**：钢结构详图深化设计概述、钢结构施工详图表达的内容及技巧。
☞**对应岗位**：钢结构深化设计。
☞**关键技能**：钢结构识图、钢结构制图。

早期我国的钢结构设计图纸，在苏联的两阶段设计基础上合并为一个阶段，图纸专业化程度较高，图纸深度较详细但又不能直接用于加工。这一阶段，钢结构设计基本局限于冶金、交通和化工等专业设计院的业务范围，从业人员也很有限。

20世纪80年代后，随着工业厂房和民用钢结构建筑的大量涌现，建筑钢结构得到了飞速发展，我国设计体制逐步向欧美专业化体制发展，在沿海发达地区逐渐形成了众多的钢结构详图深化专业公司，钢结构加工企业的内部技术部门也逐渐向专业化方向发展。与此同时，由于设计行业任务量高速增长等因素，传统设计院逐渐放弃了钢结构深化业务。

因此，以专业详图深化公司和钢结构加工企业为核心，初步形成了钢结构深化设计的专业市场。2001年，我国建设部颁布了2001建设部[2001]169号文件《建筑工程统一标准颁发通知》，中国建筑标准设计研究院编制了相关的《钢结构制图深度和表示方法图集》，对钢结构的设计和详图深化设计图纸表达进行了明确的指导和规范。

4.1 钢结构详图深化设计的主要内容

4.1.1 详图深化设计的概念

详图深化设计，即为对设计图进行深化，并将其转化为详细施工图纸，使其可以直接用于制作安装。它涵盖的内容较为广泛，不仅包含了设计需要表达的内容，还包含了施工承包商所关心的材料、运输、安装顺序和施工方法等方面问题，因此，对详图深化设计人员的专业能力、组织协调及配合能力有较高的要求。

4.1.2 钢结构设计图和施工详图的区别

我国的钢结构工程设计分为设计图和结构详图两个阶段，前者由建筑工程设计单位完成，给出构件截面大小、一般典型构件节点、各种工况下结构内力；后者由钢结构详图深化设计单位或钢结构制作安装单位根据设计单位提供的设计图进行深化设计完成，并直接作为加工和安装的依据。钢结构设计图和施工详图的区别见表4.1。

表4.1　钢结构设计图与施工详图的区别

设计图	施工详图
(1)由设计单位编制 (2)根据建筑、工艺等条件，经过计算等工作流程编制而成 (3)图纸表示简明，图纸量不大 (4)包含结构设计总说明、杆件布置图、典型节点图、材料的规格和材质等 (5)作为编制施工详图的依据	(1)由专业详图单位或制作安装单位编制 (2)根据设计图编制，包括部分连接节点及分段等简单计算 (3)图纸表达详细，图纸量大 (4)包含施工详图总说明、构件布置图、构件加工图和材料表等 (5)作为制作和安装的依据

4.1.3　详图深化设计的主要内容

1. 施工全过程仿真分析

施工全过程仿真分析，在大型的桥梁、水电建筑物建设中较早就有应用；随着大型民用项目日益增多，施工仿真逐渐成为大型复杂项目不可或缺的内容。施工全过程仿真一般包括如下内容：施工各状态下的结构稳定分析，特殊施工荷载作用下的结构安全性仿真分析，整体吊装模拟验算，大跨度结构的预起拱验算，大跨度结构的卸载方案仿真研究，焊接结构施工合拢状态仿真研究，超高层结构的压缩预调分析，特殊结构的施工精度控制分析，等等。

2. 结构设计优化

在仿真建模分析时，原结构的计算模型与考虑施工全过程的计算模型虽然最终状态相同，但在施工过程中因施工支撑或施工温度等原因会产生施工畸变，这些在施工过程或施工节点中产生的应力并不随结构的几何尺寸恢复到设计状态而消失，通常会部分的保留下来，从而影响到结构使用过程中的安全。如果不能通过改变施工方式方案或施工顺序解决这些问题，则需要对原设计进行优化调整，从而保证结构的安全。

3. 节点深化

普通钢结构连接节点主要有柱脚节点、支座节点、梁柱节点、梁梁节点、桁架的弦杆腹杆节点、钢管相贯连接节点，以及张力钢结构中拉索连接节点、拉索贯穿节点，还有空间结构的螺栓球节点、焊接球节点及多杆件汇交节点，等等。上述各类节点的设计均属于施工详图的范畴。节点深化的主要内容是根据施工图的设计原则，对图纸中未指定的节点进行焊缝强度验算、螺栓群验算、现场拼接节点验算、节点设计的施工可行性复核和复杂节点空间放样等。

4. 构造及连接设计

进行详图深化设计时，一些设计中尚需补充的构造及连接设计计算应进一步实现。

构造设计包括：螺栓的布置，节点连接板尺寸，焊接方法及焊接样式，原材料拼接方法及要求，构件运输单元的划分及设计，组合截面中的填板、缀板的大小及间距，过焊孔样式及大小，构造切槽构造，拼接耳板设计，变截面构造设计，考虑部件施焊时和拧紧螺栓时的最小空间等。

连接设计计算包括：一般连接节点的焊缝长度与螺栓数量计算；小型或次要构件的拼接设计计算；起拱高度、高强度螺栓连接长度计算等。

5. 构件布置图

施工详图包含构件安装图和构件加工图，构件安装图用于指导现场安装定位和连接。构件加工图完成后，将每个构件安装到正确的位置，并用正确的方法进行连接，是构件安装图的主要任务。一套完整的安装图，通常包括构件平面图、立面图、剖面图及节点图，同时还要给出构件详细的信息表，直观表达构件编号、材质、外形尺寸及重量等信息。

6. 构件加工图

构件加工图为工厂的加工图，是工厂加工的依据，也是构件出厂验收的依据。构件加工图包括构件大样图和零部件图等部分。

1)构件大样图

构件大样图主要表达构件的出厂状态，主要内容为在工厂内进行零部件组装和安装的要求，包括拼接尺寸、附属构件定位、制孔要求、坡口形式和工程内节点连接方式等。构件大样图所代表的构件状态即为构件运输至现场的成品状态，具有方便现场核对检查的功能。

2)零部件图

零部件图表达的是在加工厂不可拆分的构件最小单元，如板件、管件、型钢、铸铁件和球节点等。零部件图可供技师阅读，并直接对照下料放样。

7. 工程量分析

在构件加工图中，材料表是详图深化设计的重要部分，它包含构件、零部件、螺栓及与之相应的规格、数量、尺寸、重量和材质等信息，这些信息对正确理解图纸大有帮助，还可以得到精确的采购信息。

4.2 钢结构施工详图表达的内容及技巧

钢结构施工详图的组成一般包括施工详图总说明、构件布置图、构件加工图及材料表。

施工详图图纸绘制一般按构件形式，可分为钢柱、钢梁、桁架、支撑、吊车梁系统、围护系统(檩条、拉条、彩钢板)、钢平台、楼梯、爬梯等。

4.2.1 施工详图总说明

施工详图设计应根据原设计图和设计说明编制详图的总说明，钢结构施工详图总说明的对象是加工单位和现场安装人员，总说明中应当交代清楚的内容如下：

(1)明确详图的设计依据。

(2)明确构件验收时的标准或依据。

(3)明确钢材的物理性能(拉伸、弯曲及Z向性能)和化学成分。

(4)明确焊接材料的使用标准及焊接方法。

(5)明确焊接质量检验等级、检验方法及依据。

(6)明确螺栓等级和性能、有无摩擦面要求，需要做抗滑移实验时，应给出抗滑移系数要求。

(7)对构件的表面粗糙度、除锈等级、防腐涂料的种类及涂装方法、构件是否要求镀锌、涂装要求等要予以明确要求。

在钢结构表面处理中，需要指出的是：

①除锈等级 Sa2 $\frac{1}{2}$是特定的符号，不能写成 Sa2.5，也不能等同于与澳大利亚标准中的 2.5 级。除锈等级 Sa2 $\frac{1}{2}$并不是介于 Sa2 和 Sa3 两者中间的等级，而是接近于 Sa3 级；

②除锈等级、方法及表面粗糙度要求要根据涂料的品种来确定，相同的除锈等级由于原材料的锈蚀等级不同也会影响涂装材料的耐久性，所以应尽量避免使用 D 级原材料(除锈等级可依据标准 GB8923—2011)。表面除锈直接关系到涂装质量，应予以充分重视，并作为钢结构中的隐蔽工程，做好记录。

(8)在说明中应交代工程中的编号原则，这样有利于分类读图，也有利于安装及分类构件。

(9)对图纸中共性的事物可在总说明中以图例的形式交代清楚。

(10)明确在构件制造过程中的某些技术要求和注意事项。

在一般情况下，写出以上内容就可表达清楚必要的技术条件和施工要求，若工程中还有特殊要求，则应增加相应条款说明。

4.2.2　构件布置图

构件布置图的表达是在保证与设计图相符的情况下供安装使用，也就是表达出构件的具体位置。平面图是确定建筑物中各构件在平面上坐标位置的图形，一般情况下，平面图在布置图中占主导地位，平面图中构件的位置是通过轴网的列线和行线来控制的。由于建筑物是立体结构，为了表达构件在垂直方向上的排布位置，立面图成为构件布置图中不可或缺的部分。建筑物的各构件是空间分布的，为了解这些构件在空间的确切位置，必须在平面图中标出一些剖面符号，并绘制出剖面相对应的剖面图，来展示平立面图中看不到的部分。通过平面图、立面图及剖面图的三维坐标，可以描述出任何一个构件的空间位置。

一般情况下，布置图中应标注以下几项内容，以使图纸满足安装要求：

(1)轴线间距；

(2)柱或梁的工作线(中心线)与轴线的定位；

(3)构件编号分布；

(4)构件安装方向及定位方向；

(5)典型的节点(也可在相关构件图中予以表达)。

如图 4.1、图 4.2 所示。

4.2.3　构件加工图

构件加工图是钢结构详图中重要的组成部分，其主要目的应是便于加工。各零件截

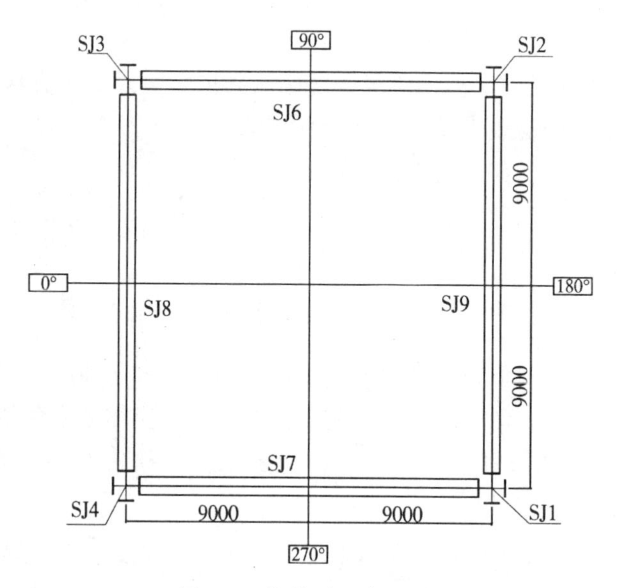

图 4.1 构件平面布置图

面、螺孔大小、距离、数量、各零件的位置关系、焊接方法及构件现场焊接形式等都应在构件图中反映出来(图 4.2)。

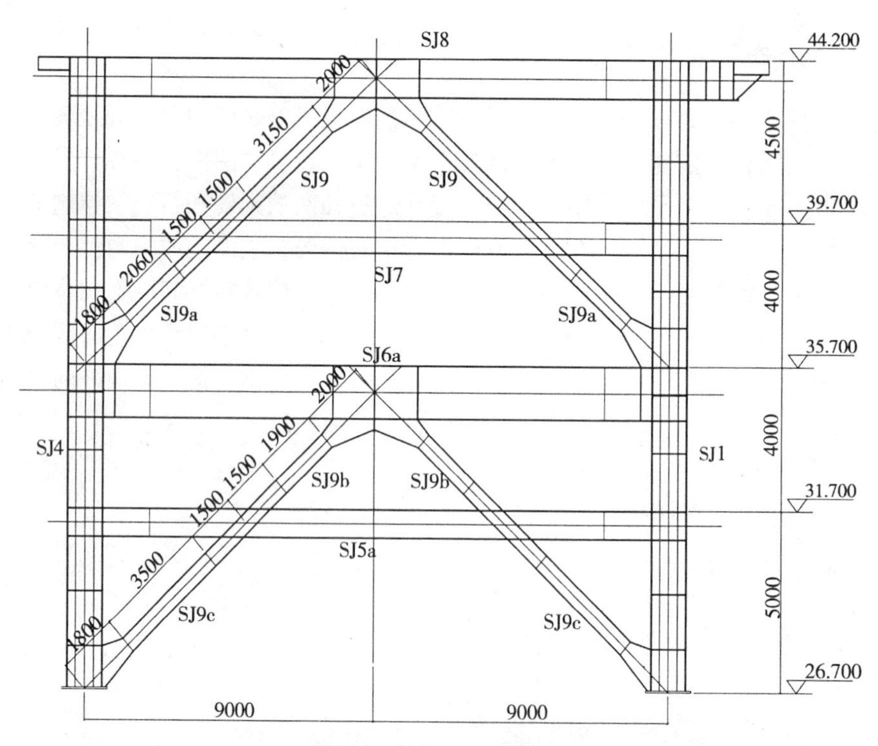

图 4.2 构件立面布置图

1. 钢梁的表达

梁的一般表达形式如图 4.3、图 4.4 所示。

梁的加工图要表达出梁的材质、规格，梁上加劲板的位置、尺寸，梁与梁或柱的连接板位置、尺寸及螺栓孔开孔位置和大小。若为屋面梁(图 4.4)，还应该给出檩托安装位置、水平支撑开孔或连接板位置、系杆连接板位置及隅撑连接板位置。

为了清楚表示加劲板、连接板等板件的连接、几何尺寸及螺栓孔位置，一般需要加剖面图表示。

当梁翼缘或者腹板上孔较多时，可按照相同大小的孔用一组尺寸来表达，同时，为避免尺寸太多带来的积累误差，可采用绝对尺寸和相对尺寸(增量尺寸)两种标注。

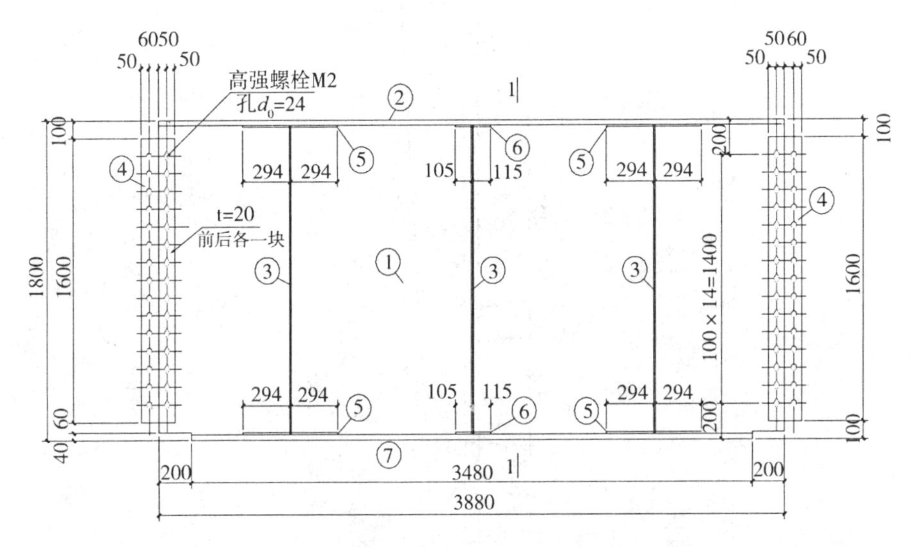

图 4.3　梁的表达形式一

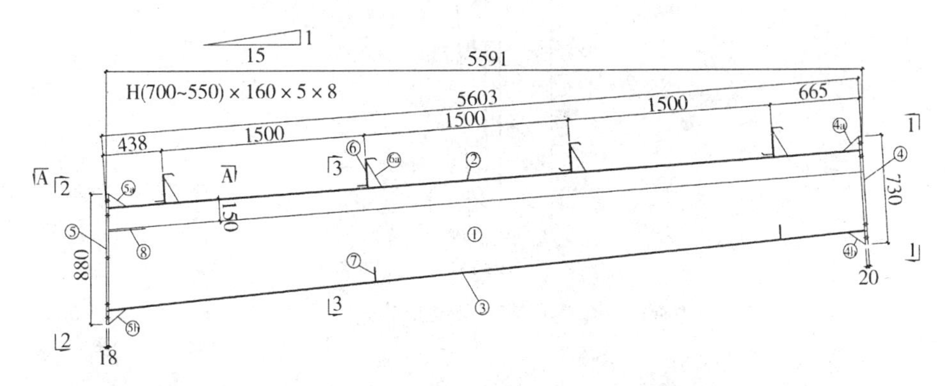

图 4.4　梁的表达形式二

2. 钢柱的表达

对于简单的钢柱构件，需要标明的地方主要是底板的标高、柱脚孔位置、柱长度、檩托的定位，以及底板、顶板与柱身焊缝要求等，如图 4.5 所示。

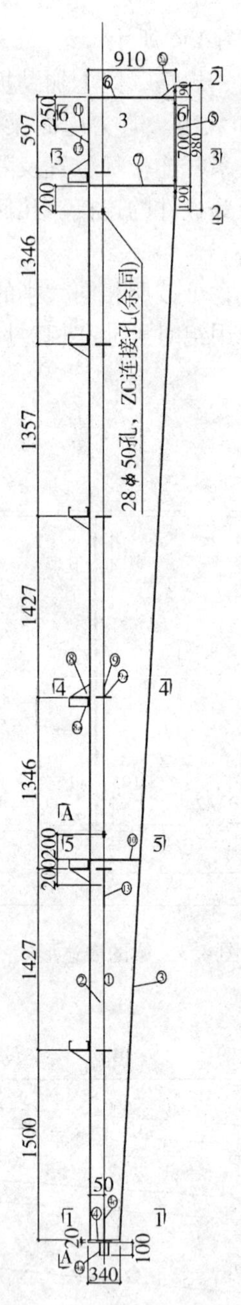

图 4.5　柱的表达形式一

对于复杂的钢柱构件，图中要清晰地表达出零件编号，各牛腿长度、标高及柱的焊接要求，檩托位置、方向，支撑连接板定位，以及柱底、顶标高等。如果构件很复杂，不容易理解其结构形式，最好从不同方向绘制立面图表示，或以 3D 视图来辅助表达其构件结构样式，如图 4.6 所示。

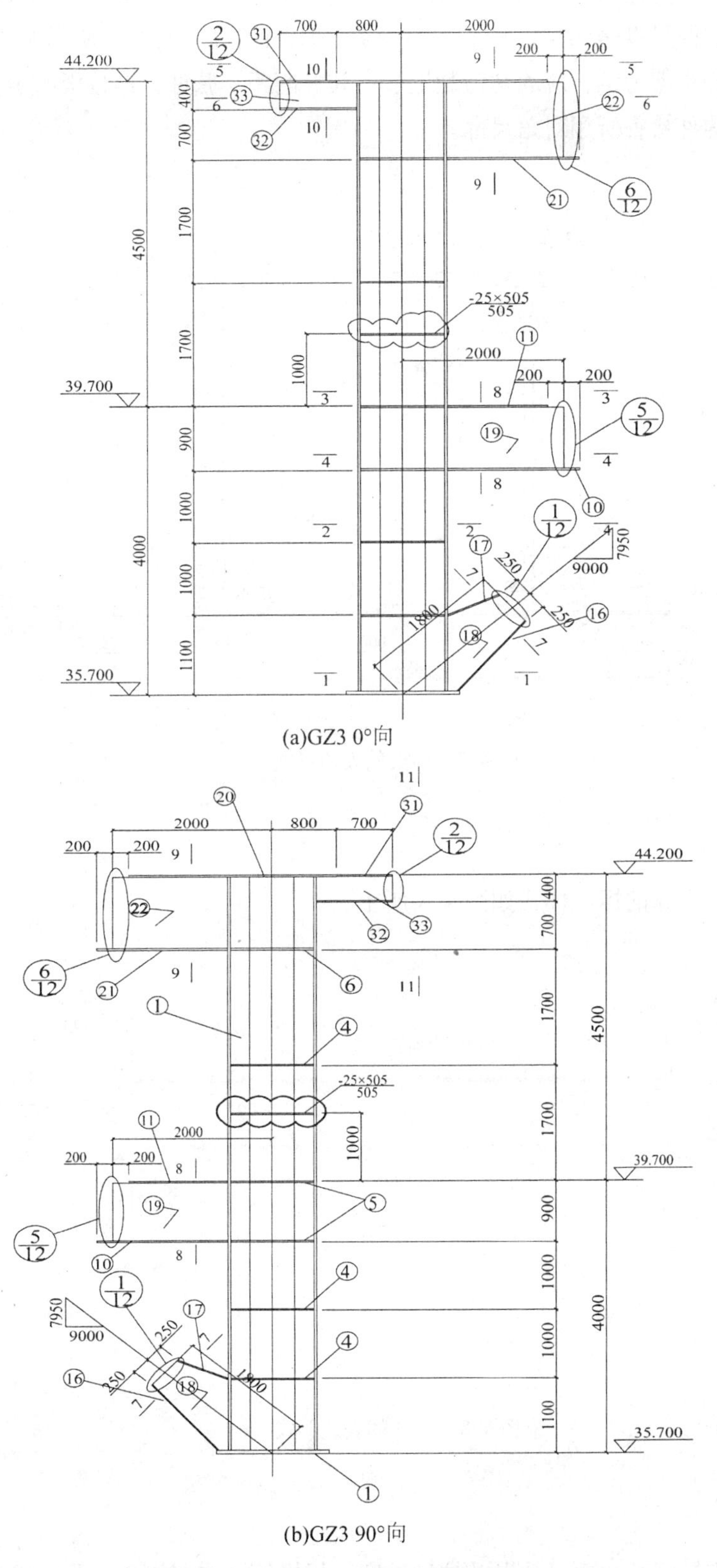

(a)GZ3 0°向

(b)GZ3 90°向

图 4.6　柱的表达形式二

3. 桁架

桁架的组成截面可以是角钢、圆管、矩形管、H型钢等，图4.7所示是以H型钢与背靠背双角钢组合桁架为例，应表达清楚上、下弦杆间距，弦杆上连接板的定位，腹杆的定位尺寸，以及构件检查所用对角尺寸。

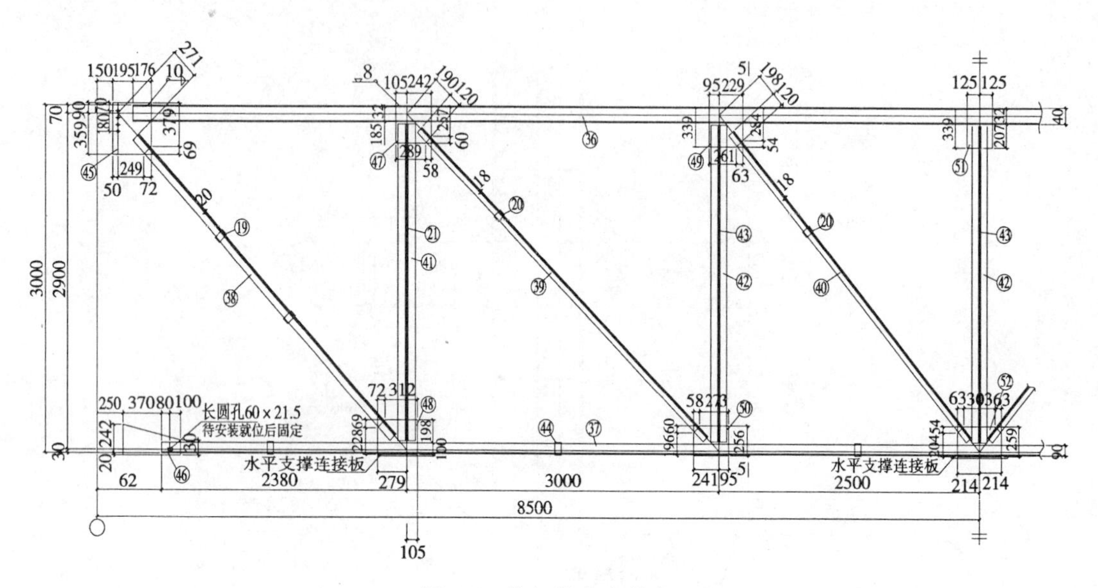

图4.7　桁架的表达形式

4. 支撑

以系杆为例，支撑的标注样式如图4.8所示。

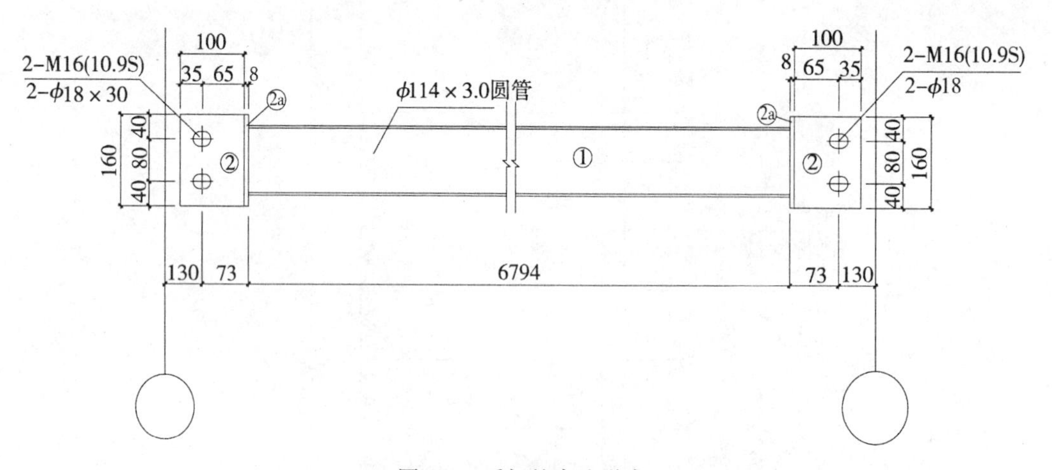

图4.8　系杆的表达形式

5. 拉条

对于拉条，应标明其截面尺寸以及拉丝长度、规格等，如图4.9、图4.10所示。

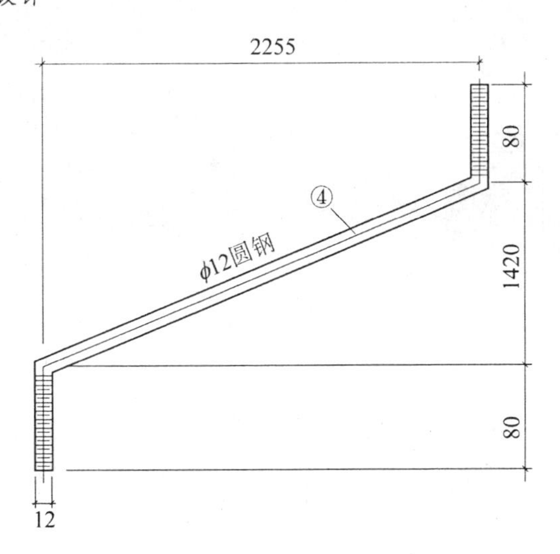

图4.9　斜拉条的表达形式

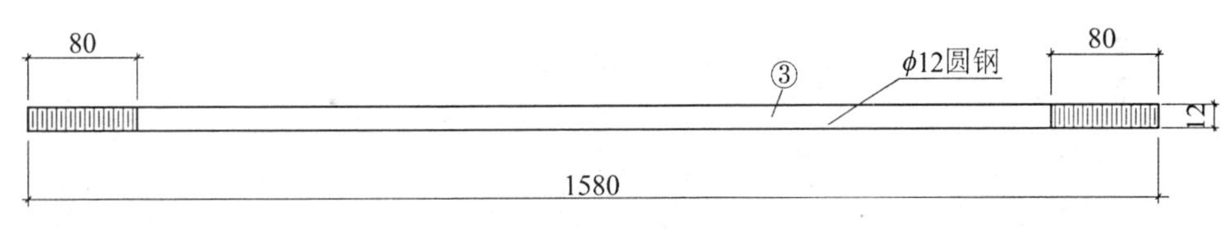

图4.10　直拉条的表达形式

4.2.4　零部件图

零部件是构件的组成单元，也是不可拆分的最小单元。

零部件图的标注较为简单，它不同于构件加工图，零部件图不需要表明各零部件之间的相对位置关系及连接方法，其尺寸标注只要表明零部件本身的尺寸即可，工厂车间根据零部件材料表中的规格、材质、数量信息就可以组织生产加工。

现在计算机三维建模软件可提供与数据切割系统(DSTV或其他)相接口的数控文件(也称NC文件)，零件直接由数控系统切割、打孔，加工生产逐步向无纸化转变。此时，图纸仅用于加工后的校核。图4.11所示是板件常见的几种零件形式。

4.2.5　材料表

材料表是技师加工放样的主要参照之一，也能直接反映材料的消耗量，为材料的采购提供依据。因此，材料表要求准确无误，能清晰地反映构件的编号、数量、材料规格、材质、重量等因素，见表4.2。

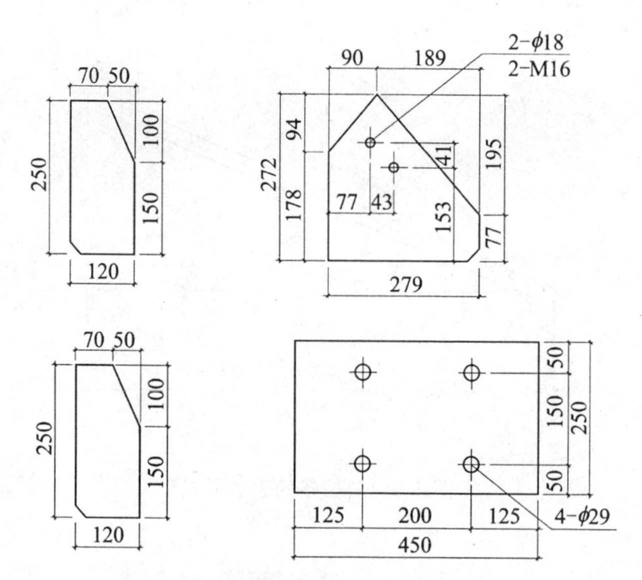

图 4.11 板件常见的几种零件形式

表 4.2 材 料 表

构件编号	序号	规格	宽度(mm)	长度(mm)	数量	单重(kg)	总重(kg)	材质	备注
	1	6	530	7145	1	178.36	178.36		
	2	10	200	6440	2	101.11	202.22		
	3	20	250	350	1	13.74	13.74		
	4	8	120	200	2	1.51	3.01		
	5	20	200	800	2	25.12	50.24		
GZ2 共12件	6	8	85	530	2	2.83	5.66	Q345B	
	7	8	85	120	6	0.64	3.84		
	8	8	200	530	1	6.66	6.66		
	9	8	85	120	2	0.64	1.28		
	10	8	100		1	0.80	0.80		
	11	20	70	70	4	0.77	3.08		
	合计						468.89		

☞**课后拓展**

1. 在图书馆或网络课程中心选择一套钢结构工程的施工图，尝试绘制其施工详图。
2. 通过图书馆、因特网等方式搜索目前设计深化所采用的主要标准或规范。

第5章　钢结构制作

☞**主要内容**：钢结构加工准备、钢结构生产组织、钢结构组装、钢结构的防腐及运输。

☞**对应岗位**：钢结构深化设计、钢结构制作。

☞**关键技能**：识图、详图深化、施工组织、计划调度。

钢结构制造的基本元件大多是热轧型材和板材。通过使用机械设备和成熟的工艺方法，进行各种操作处理，可以组成各种各样的几何形状和尺寸的构件，并使构件外部尺寸小、重量轻、承载能力高，以满足结构要求。钢结构加工制作总的原则是在达到原设计标准要求的前提下，进行适用性、技术性、经济性的综合考虑。

5.1　钢结构加工前的生产准备

5.1.1　编制工厂制作计划书

钢结构工程施工单位应具备相应的钢结构工程施工资质。施工单位在接到设计文件后，为在合同期内按质量要求完成建筑物的施工，必须制订出“施工组织设计”，在施工前，将其与施工进度表一起交监理机构确认。在钢结构制造中，施工组织是指导和合理组织施工生产活动的重要技术措施。钢构件制作前，应进行从准备工作开始至成品交货出厂为止的整个生产过程各有关技术措施文件的编制，包括审查图纸、备料核对、钢材选择和检验要求、材料的变更与修改、钢材的合理堆放、成品检验以及装运出厂等有关施工生产技术资料文件的编写和制订。

“施工组织设计”主要由“工厂制作计划书”(工艺规程)和“现场施工组织计划书”(安装的施工组织设计)两大部分组成。

“工厂制作计划书”的主要项目与内容分别见表5.1。

表5.1　**工厂制作计划书**

序号	项　目	内　　容
1	总则	应用范围、依据、规格、疑义及变更处理
2	工程概要	建筑物概要、工程范围、结构概要(材料种类和连接方法)
3	工厂组织设备机械	组织、技术负责人、特殊技术、工人名册、设备、机械
4	材料	材料的使用、识别、试验、检查

续表

序号	项　目	内　　容
5	制作	各道工序的工艺等
6	检查	检查标准及检查方法(方法、个数、时期、报告形式)
7	其他	

5.1.2　详图设计和审查图纸

1. 详图设计

钢结构的构件制作及安装必须有安装布置图及制作详图，其目的是为钢结构制作单位和安装单位提供必要的、更为详尽的、便于进行施工操作的技术文件。在国际上，钢结构工程的详图设计一般多由加工单位负责进行。目前，我国一些大型工程也逐步采用这种做法。为适应这种新的要求，一项钢结构工程的加工制作一般应遵循如图5.1所示的工作顺序。

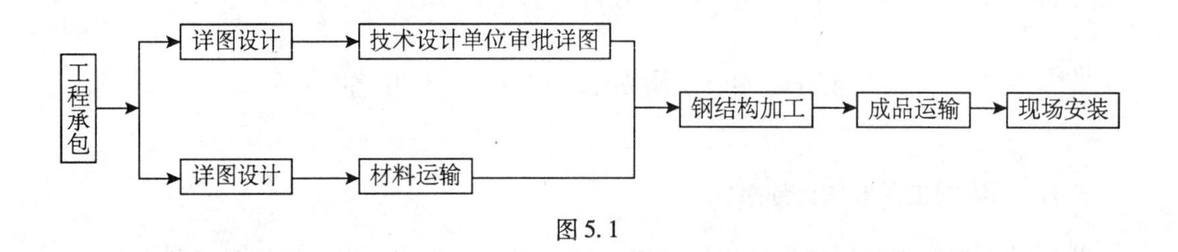

图5.1

由加工单位(加工厂)进行详图设计，其优点是能够结合工厂条件和施工习惯，便于采用先进的技术，经济效益较高。

随着计算机技术的飞速发展和广泛应用，各种专业软件的开发为施工详图设计的计算机化创造了条件。一些大型钢结构工程的招投标也都提出了用计算机进行详图设计的要求。特别是高层建筑钢结构详图设计采用计算机绘图，大大提高了工作效率和绘图质量。

为了尽快采购(定购)钢材，一般应在详图设计的同时订购钢材，这样，详图审批完成时钢材即可到达，可立即开工生产。

施工单位的详图设计应根据设计单位的设计文件以及国家现行标准、规范、规程的要求进行设计，然后由设计单位审批详图。目前，此种做法在钢结构工程施工过程中比较普遍，其优点是施工单位能够结合自身的技术条件，便于采用经济合理的施工方案。

2. 审查图纸

钢构件在制作前，施工单位应通过设计者的设计说明书，充分理解设计意图与需要注意的特别事项，如：审查设计图(建筑图、结构图、设备图)之间有无矛盾；检查图纸设计的深度能否满足施工的要求；核对图纸上构件的数量、规格和控制尺寸(轴线、标高等)；审核构件在加工工艺上是否合理，连接构造是否方便施工，施工单位的施工技术水平能否实现设计文件的技术要求。

如果是由加工单位自己设计施工详图，在制图期间又已经通过审查，则审图的程序可相应简化。

图纸审核的主要内容包括以下项目：

(1)设计文件是否齐全。设计文件包括设计图、施工图、图纸说明和设计变更通知单等。

(2)构件的几何尺寸是否齐全。

(3)相关构件的尺寸是否正确。

(4)节点是否清楚，是否符合国家标准。

(5)标题栏内构件的数量是否符合工程总数。

(6)构件之间的连接形式是否合理。

(7)加工符号、焊接符号是否齐全。

(8)结合本单位的设备和技术条件考虑，能否满足图纸上的技术要求。

(9)图纸的标准化是否符合国家规定，等等。

图纸审查后，要进行技术交底准备工作，其内容有：①根据构件尺寸考虑原材料对接方案和接头在构件中的位置；②考虑总体的加工工艺方案及重要工装方案；③对构件的结构不合理处或施工有困难的，要与甲方或者设计单位做好变更签证手续；④列出图纸中的关键部位或者对有特殊要求的地方加以重点说明。

图纸审核过程中发现的问题应报原设计单位处理。需要修改设计时，必须取得原设计单位同意，并签署书面设计变更文件。

5.1.3　对料

1. 提料

(1)根据施工图纸材料表算出各种材质、规格的材料净用量，再加上一定数量的损耗，编制材料预算计划。

对拼接位置有严格要求的吊车梁翼缘和腹板等，配料时，要与桁架的连接板搭配使用，即优先考虑翼缘板和腹板，将配下的余料作为小块连接板。小块连接板不能采用整块钢板切割，否则，计划需用的整块钢板就可能不够用，而翼缘和腹板割下的余料没有用处。

(2)提料时，需根据使用尺寸合理订货，以减少不必要的拼接和损耗。钢材如不能按使用尺寸或倍数订货，则损耗必然增加。此时，钢材的实际损耗率可参考表 5.2 所给出的数值。工程预算一般可按实际用量所需的数值再增加 10% 进行提料和备料。如技术要求不允许拼接，则其实际损耗还要增加。

2. 核对

核对来料的规格、尺寸和重量，应仔细核对材质。如进行材料代用，则必须经设计部门同意，并将图纸上所有的相应规格和有关尺寸全部修改。

5.1.4　钢材的代用和更改办法

(1)钢结构钢材的选用详见本书第 1 章钢结构材料。设计选用钢材的钢号和提出对钢材性能的要求，施工单位不得随意更改或代用。

(2)钢材代用一般须与设计单位共同研究确定，同时应注意下列几点：

表5.2 钢板、角钢、工字钢、槽钢损耗率

编号	材料名称	规格(mm)	损耗率(%)	编号	材料名称	规格(mm)	损耗率(%)
1	钢板	1～5	2.00	9	工字钢	14a 以下	3.20
2		6～12	4.50	10		24a 以下	4.50
3		13～25	6.50	11		36a 以下	5.30
4		26～60	11.00	12		60a 以下	6.00
			平均：6.00				平均：4.75
5	角钢	75×75 以下	2.20	13	槽钢	14a 以下	3.00
6		80×80～100×100	3.50	14		24a 以下	4.20
7		120×120～150×150	4.30	15		36a 以下	4.80
8		180×180～200×200	4.80	16		40a 以下	5.20
			平均：3.70				平均：4.30

注：不等边角钢按长边计，其损耗率与等边角钢同。

①钢号虽然满足设计要求，但生产厂提供的材质保证书中缺少设计部门提出的部分性能要求时，应做补充试验。如Q235、Q235BF缺少冲击、低温冲击试验的保证条件时，应做补充试验，合格后才能应用。补充试验的试件数量、每炉钢材的每种型号规格一般不宜少于3个。

②钢材性能虽然满足设计要求，但钢号的质量优于设计提出的要求时，应注意节约。不要任意以优代劣，不要使质量差距过大。当采用其他专业用钢代替建筑结构钢时，最好查阅这类钢材生产的技术条件，并与碳素结构钢(GB/T 709—2006)相对照，以保证钢材代用的安全性和经济合理性。重要的结构代用要有可靠的试验依据。

③当钢材性能满足设计要求，而钢号质量低于设计要求时，一般不允许代用。如结构性能与使用条件允许，在材质相差不大的情况下，经设计单位同意亦可代用，如以Q235代替Q235F等。

④钢材的钢号和性能都与设计提出的要求不符时，如Q235钢代替16Mn钢，首先应根据上述规定检查是否合理，然后按钢材的设计强度重新计算，根据计算结果改变结构的截面、焊缝尺寸和节点构造，经设计单位同意后亦可代用。

⑤普通碳素钢中的乙类钢，一般不保证机械性能，钢结构工程中不宜采用。特殊情况下，应按照国家标准对不同规格的钢材进行机械性能试验后，才准许应用。

⑥采用进口钢材时，应验证其化学成分和机械性能是否满足相应钢号的标准。

⑦当钢材的规格尺寸与设计要求不同时，不能随意以大代小，须经计算并征得设计单位同意后才能代用。

⑧如钢材品种供应不全，可根据钢材选择的原则合理调整。建筑结构对材质的要求是：受拉构件高于受压构件；焊接结构高于螺栓或铆钉连接的结构；厚钢板结构高于薄钢板结构；低温结构高于常温结构；受动力荷载的结构高于受静力荷载的结构。例如，桁架中上、下弦可用不同的钢材；遇含碳量高或焊接困难的钢材，可改用螺栓连接，但须与设

计单位商定。

(3)钢材代用在取得设计单位的同意认可后，要做好变更钢材签证手续，在此基础上发出材料代用通知单。材料代用通知单一般由工艺部门签发，通知有关部门执行。

5.1.5　材料复检及工艺试验

1. 钢材复验

当钢材属于下列情况之一时，加工下料前应按国家现行有关标准的规定进行抽样检验，其化学成分、力学性能及设计要求的其他指标应符合国家现行标准的规定。进口钢材应符合供货国相应标准的规定：

(1)国外进口钢材；

(2)钢材混批；

(3)板厚等于或大于 40mm，且设计有 Z 向性能要求的厚板；

(4)建筑结构安全等级为一级，大跨度钢结构中主要受力构件所采用的钢材；

(5)设计有复验要求的钢材；

(6)对质量有疑义的钢材。

2. 连接材料的复验

(1)焊接材料。在大型、重型及特殊钢结构上采用的焊接材料，应按国家现行有关标准进行抽样检验，其结果应符合设计要求和国家现行有关产品标准的规定。

(2)预拉力复验。扭剪型高强度螺栓连接副应按规定检验预拉力。复验用的螺栓应在施工现场待安装的螺栓批中随机抽取，每批应抽取 8 套连接副进行复验。每套连接副只应做一次试验，不得重复使用。

复验螺栓连接副的预拉力平均值和标准偏差应符合相关规定。

(3)扭矩系数复验。高强度大六角头螺栓连接副应按规定检验其扭矩系数(表 5.3)。复验用的螺栓应在施工现场待安装的螺栓批中随机抽取，每批应抽取 8 套连接副进行复验。每套连接副只应做一次试验，不得重复使用。每组 8 套连接副扭矩系数的平均值应为 0.11～0.15，标准偏差小于或等于 0.01。

表 5.3　　扭剪型高强度螺栓紧固预拉力和标准偏差(kN)

螺栓直径(mm)	16	20	22	24
紧固预拉力的平均值	99～120	154～186	191～231	222～270
标准偏差	10.1	15.7	19.5	22.7

3. 工艺试验

工艺试验一般可分为以下三类：

1)焊接试验

钢材可焊性试验、焊材工艺性试验、焊接工艺评定试验等均属于焊接性试验，而焊接工艺评定试验是各工程制作时最常遇到的试验。

焊接工艺评定是焊接工艺的验证，是衡量制造单位是否具备生产能力的一个重要的基础技术资料。焊接工艺评定对提高劳动生产率、降低制造成本、提高产品质量、搞好焊工技能培训是必不可少的。未经焊接工艺评定的焊接方法、技术参数不能用于工程施工。

焊接接头的力学性能试验以拉伸和冷弯为主，冲击试验按设计要求确定。冷弯以面弯和背弯为主，有特殊要求时，应做侧弯试验。每个焊接位置的试件数量一般为：拉伸、面弯、背弯及侧弯各2件；冲击试验9件(焊缝、熔合线、热影响区各3件)。

2)摩擦面的抗滑移系数试验

当钢结构构件的连接采用高强度螺栓摩擦连接时，应对连接面进行喷砂、喷丸等方法的技术处理，使其连接面的抗滑移系数达到设计规定的数值。经过技术处理的摩擦面是否能达到设计规定的抗滑移系数值，需对摩擦面进行必要的检验性试验，以求得对摩擦面处理方法是否正确可靠的验证。

抗滑移系数试验可按工程量每2000t为一批。不足2000t的可视为一批，每批3组试件，由制作厂进行试验，另备3组试件供安装单位在吊装前进行复验。

3)工艺性试验

对构造复杂的构件，必要时，应在正式投产前进行工艺性试验。工艺性试验可以是单工序，也可以是几个工序或全部工序；可以是个别零部件，也可以是整个构件，甚至是一个安装单元或全部安装构件。

通过工艺性试验获得的技术资料和数据是编制技术文件的重要依据，同时用以指导工程施工。

5.1.6 编制工艺规程

钢结构工程施工前，制作单位应按施工图纸和技术文件的要求编制出完整、正确的工艺规程，用于指导、控制施工的全过程。

工艺规程的内容应包括：

(1)根据执行标准编写的成品技术要求。

(2)为保证成品达到规定的标准而制定的措施，包括：

①关键零件的精度要求、检查方法和检查工具；

②主要构件的工艺流程、工序质量标准、为保证构件达到工艺标准而采用的工艺措施(如组装次序、焊接方法等)。

一般钢结构工程零部件制作工艺流程如图5.2所示。

③采用的加工设备和工艺装备。

5.1.7 其他工艺准备工作

(1)根据产品的特点、工程量的大小和安装施工进度，将整个工程合理地划分成若干个生产工号(或生产单元)，以便分批投料，配套加工，配套出成品。

(2)从施工图中摘出零件，编制工艺流程表。

(3)根据来料尺寸和用料要求，统筹安排合理配料，确定拼接位置。

①拼装位置应避开安装孔和复杂部位；

②双角钢断面的构件，两角钢应在同一处拼接；

③一般接头属于等强度连接，其位置一般无严格规定，但应尽量布置在受力较小的

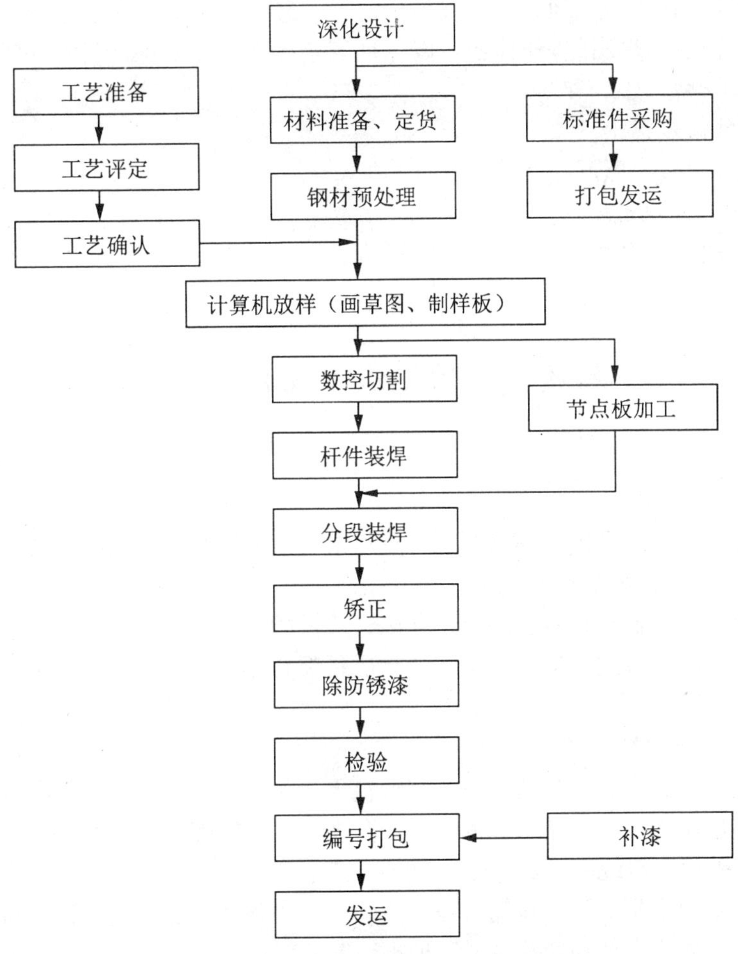

图 5.2 钢结构制作工艺流程图

部位。

(4)根据工艺要求准备必要的工艺装备(胎、夹、模具)。因为工艺装备的生产周期较长，应争取先行安排加工。

(5)确定各工序的精度要求和质量要求，并绘制加工卡片。对构造复杂的构件，必要时应进行工艺性试验。

(6)确定焊接收缩量和加工余量。

(7)根据产品的加工需要，有时需要调拨或添置必要的机器和工具，此项工作也应提前做好准备。

5.1.8 生产场地布置

1. 生产场地布置的根据

布置生产场地时要考虑：产品的品种、特点和批量，工艺流程，产品的进度要求，每班的工作量和要求的生产面积，现有的生产设置和起重运输能力。

2. 生产场地布置的原则

(1)按流水顺序安排生产场地，尽量减少运输量，避免倒流水。

(2)根据生产需要合理安排操作面积，以保证安全操作，并要保证材料和零件有必需的堆放场地。

(3)保证成品能顺利运出。

(4)便利供电、供气、照明线路的布置等。

3. 设备布置的间距规定

为安全生产，加工设备之间要留有一定的间距用来作为工作平台和堆放材料、工件等。

5.2 钢结构生产的组织方式和零件加工

5.2.1 生产组织方式

根据专业化程度和生产规模，钢结构的生产目前有下列三种生产组织方式：

1. 专业分工的大流水作业生产

这种生产组织方式的特点是各工序分工明确，所做的工作相对稳定，定机、定人进行流水作业。这种生产组织方式的生产效率和产品质量都有显著提高，适合于长年大批量生产的专业工程或车间。

2. 一包到底的混合组织方式

这种生产组织方式的特点是产品统一由大组包干，除焊工因有合格证制度需专人负责外，其他各工种多数为“一专多能”，如放样工兼做画线、拼配工作；剪冲工兼做平直、矫正工作等；机具也由大组统一调配使用。这种方式适合于小批量生产标准产品的工地生产和生产非标准产品的专业工厂。其优点是：劳动力和设备都容易调配，管理和调度也比较简单。但对工人的技术水平要求较高，工种也不能相对地稳定。

3. 扩大放样室的业务范围

零件加工顺序和加工余量等均由放样室确定，其劳动组织类似一包到底的混合组织方式。一般机床厂和建筑公司的铆工车间常采用这种生产组织方式。

5.2.2 零件加工

零件加工主要包括放样、号料、下料、平直、边缘加工、滚圆、煨弯、制孔、钢球制作等。

1. 放样、样板和样杆

放样工作包括核对图纸的安装尺寸和孔距后，以 1 : 1 的大样放出节点；核对各部分的尺寸；制作样板和样杆作为下料、弯制、铣、刨、制孔等加工的依据。

放样号料用的工具及设备有，画针、冲子、手锤、粉线、弯尺、直尺、钢卷尺、大钢卷尺、剪子、小型剪板机、折弯机。钢卷尺必须经过计量部门的校验复核，合格的方能使用。放样时以 1 : 1 的比例在样板台上弹出大样。当大样尺寸过大时，可分段弹出。对一些三角形的构件，如果只对其节点有要求，则可以缩小比例弹出样子，但应注意其精度。放样弹出的十字基准线，两线必须垂直，然后据此十字线逐一画出其他各个点及线，并在节点旁注上尺寸，以备复查及检验。

样板一般用0.5～0.75mm的铁皮或塑料板制作。样杆一般用钢皮或扁铁制作，当长度较短时，可用木尺杆。

用做计量长度依据的钢盘尺，应特别注意用经授权的计量单位检测，且附有偏差卡片，使用时，按偏差卡片的记录数值校对其误差数。钢结构制作、安装、验收及土建施工用的量具，必须用同一标准进行鉴定，应具有相同的精度等级。

样板、样杆上应注明工号、图号、零件号、数量及加工边、坡口部位、弯折线和弯折方向、孔径和滚圆半径等。

对不需要展开的平面形零件的号料样板，有如下两种制作方法：

(1)画样法：按零件图的尺寸直接在样板料上做出样板；

(2)过样法：又叫做移出法，分为不覆盖过样和覆盖过样两种方法。不覆盖过样法是通过作垂线或平行线，将实样图中的零件形状过到样板料上；而覆盖过样法则是把样板料覆盖在实样图上，再根据事前做出的延长线画出样板。为了保存实样图，一般采用覆盖过样法，而当不需要保存实样图时，则可采用画样法制作样板。

上述样板的制作方法同样适用于号孔、卡型和成型等样板的制作。当构件较大时，样板的制作可采用板条拼接成花架，以减轻样板的重量，便于使用。

样板和样杆应妥善保存，直至工程结束以后方可销毁。

2. 画线和切割

画线是利用放样中所制作的尺寸贴条、样板、样杆、尺寸图等，直接在钢材上标记工人加工、拼装、焊接等工作中必需信息的工序。

钢构件画线应根据工艺要求预留制作和安装时的焊接收缩余量及切割、刨边和铣平等加工余量(表5.4)。

表5.4 **焊接收缩余量**

结构类型	焊件特征和板厚	焊接收缩量
钢板对接	各种板厚	长度方向每米焊缝0.7mm，宽度方向每米接口1.0mm
实腹结构及焊接H型钢	断面高≤1000mm且板厚≤25mm	四条焊缝焊接每米收缩0.6mm，焊透梁高收缩1.0mm，每对加工劲焊缝，梁的长度收缩0.3mm
	断面高≤1000mm且板厚>25mm	四条焊缝焊接每米收缩1.4mm，焊透梁高收缩1.0mm，每对加工劲焊缝，梁的长度收缩0.7mm
	断面高>1000mm的各种材料	四条焊缝焊接每米收缩0.2mm，焊透梁高收缩1.0mm，每对加工劲焊缝，梁的长度收缩0.5mm
格构式结构	屋　架	接头焊缝每个接口为1.0mm 搭接贴角焊缝每米0.5mm

3. 矫正和成型

在钢结构制作过程中，由于材料变形、气割变形、剪切变形、焊接变形和运输变形超出允许偏差，影响构件的制作及安装质量，必须对其进行矫正。矫正就是造成新的变形去抵消已经发生的变形。矫正的方法很多，根据矫正时钢材的温度，分冷矫正和热矫正两种；根据矫正时外力的来源和性质，分为机械矫正、手工矫正、火焰矫正等。

型钢机械矫正是在型钢矫直机上进行。型钢矫直机由两个支承和一个推撑构成。推撑部分可作伸缩运动。伸缩距离可根据需要进行控制，两个支承固定在机座上，可按型钢弯曲程度来调整两支撑点之间的距离。

型钢手工矫正是用人力大锤矫正，多数用在小规格的各种型钢上，依点锤击进行矫正。因型钢结构刚度比钢板大，所以用手工锤击矫正各种型钢的操作更为困难。

常用的型钢矫正机有辊式型钢矫正机、机械顶直矫正机、辊式平板机三种。辊式型钢矫正机利用上、下两排辊子将型钢的弯曲部分矫正调平。端部副辊可以单调，使输出的型钢达到平直。辊式型钢矫正机的效率很高，但通用性较差，除角钢外，必须采用专门断面的辊子，因此多用于轧钢工厂。当型钢较长(如超过4m)，慢弯不易消除，且端部的死弯不易平直。调直范围在L50～L100的辊式调直机常用于机械工厂的结构车间。

当钢材型号超过矫正机负荷能力或构件形式不适于采用机械校正时，应采用火焰矫正。火焰矫正常用的加热方法有点状加热、线状加热和三角形加热三种。点状加热根据结构特点和变形情况，可加热一点或数点。线状加热时，火焰沿直线移动或同时在宽度方向作横向摆动，宽度一般为钢材厚度的0.5～2倍。多用于变形量较大或刚性较大的结构。三角形加热的收缩量较大，常用于矫正厚度较大、刚性较强构件的弯曲变形。

低碳钢和普通低合金钢的热矫正加热温度一般为600～900℃，800～900℃是热塑性变形的理想温度，但不得超过900℃。如加热温度过高，会产生超过屈服点的收缩应力。低碳钢塑性好，收缩应力超过屈服点时随即产生变形而引起应力重分配，不会产生大问题；但中碳钢则会由于变形而产生裂纹，所以中碳钢一般不用火焰矫正。

依据《钢结构工程施工质量验收规范》(GB50205—2001)的规定，钢材矫正后的允许偏差，见表5.5。

表5.5 **钢材矫正的允许偏差**

项目		允许偏差	图例
钢板的局部平面度	$t\leqslant14$	1.5	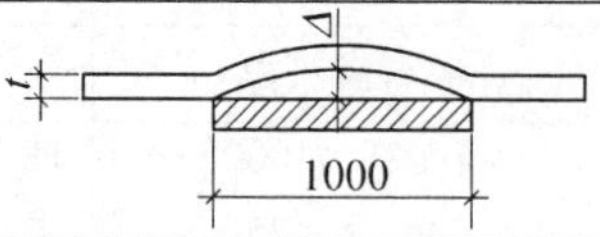
	$t>14$	1.0	
型钢弯曲矢高		$l/1000$ 且不应大于5.0	
角钢肢的垂直度		$b/100$ 双肢栓接角钢的角度不得大于90°	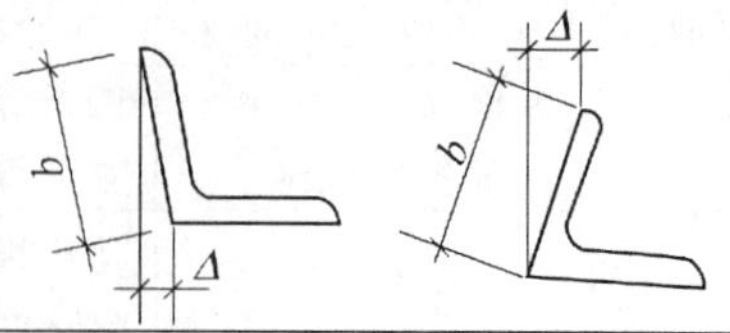
槽钢翼缘对腹板的垂直度		$b/80$	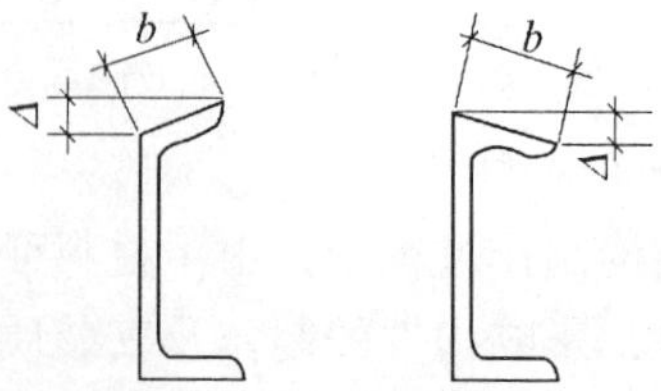

续表

项　　目	允许偏差	图　　例
工字钢、H型钢翼缘对腹板的垂直度	$b/100$ 且不大于2.0	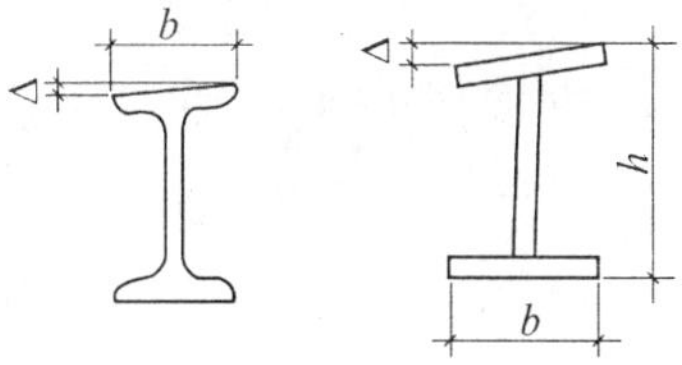

4. 成形加工

在钢结构制造中，成形加工主要包括弯曲、卷板(滚圆)、边缘加工、折边和模具压制五种加工方法。由于弯曲、卷板(滚圆)和模具压制等工序都涉及热加工和冷加工方面的知识，故在制作时必须对热加工与冷加工的基本知识有所了解，现作如下简要介绍。

1)热加工

把钢材加热到一定温度后进行的加工方法，通称热加工。在热加工方面，现在常用两种加热方法：一种是利用乙炔火焰进行局部加热，这种方法简便，但是加热面积较小；另一种是放在工业炉内加热，它虽然没有前一种方法简便，但是加热面积很大，并且可以根据结构构件的大小来砌筑工业炉。

加热温度与钢材之间的关系：温度能够改变钢材的机械性能，能使钢材变硬，也能使它变软。为了掌握热加工操作技术，应该了解加热温度和加热速度与钢材强度之间的变化关系，熟悉辨别加热温度的方法以及各种热加工方法对加热温度的要求等。

高温中钢材强度的变化：钢材在常温中有较高的抗拉强度，但加热到500℃以上时，随着温度的增加，钢材的抗拉强度急剧下降，其塑性、延展性大大增加，钢的机械性能逐渐降低而变软。

热加工是通过工业炉、地炉以及氧气乙炔焰等把钢材加热，使钢材在减少强度、增加塑性的基础上，进行矫正或成形方面的加工。

钢材加热温度的判断：钢材加热的温度可从其加热时所呈现的颜色来判断。钢材在不同加热温度时呈现的颜色见表5.6。

表5.6　**钢材在不同加热温度时呈现的颜色**

颜色	温度(℃)	颜色	温度(℃)
黑色	470以下	亮樱红色	800~830
暗褐色	520~580	亮红色	830~880
赤褐色	580~650	黄赤色	880~1050
暗樱红色	650~750	暗黄色	1050~1150
深樱红色	750~780	亮黄色	1150~1250
樱红色	780~800	黄白色	1250~1300

表5.4所列是在室内白天观察的颜色，在日光下颜色相对较暗，在黑暗中颜色相对较亮，严格要求采用热电偶温度计或比色高温计时测量的数据较为准确。

热加工时所要求的加热温度范围：对于低碳钢加热温度一般都在100～1100℃。热加工终止温度不应低于700℃，加热温度过高、加热时间过长，都会引起钢材内部组织的变化，破坏原材料材质的机械性能。加热温度在200～300℃时，钢材产生蓝脆性，在这个温度范围内，严禁锤打和弯曲否则容易使钢材断裂。

型钢在热加工过程中的变形规律：手工热弯型钢的变形与机械冷弯型钢的变形一样，都是通过外力的作用使型钢沿中性层内侧发生压缩的塑性变形和沿中性层外侧发生拉伸的塑性变形，这样便产生了钢材的弯曲变形。

2)冷加工

钢材在常温下进行加工制作，称为冷加工。在钢结构制造中，冷加工的项目很多，有剪切、铲、刨、辊、压冲、钻、撑、敲等工序，这些工序绝大多数是利用机械设备和专用工具进行的，其中，敲是一种手工操作方法，它除了用于矫正钢材和构件形状外，还常用来代替机械设备的辊压和切断等加工。

对钢材性质来说，所有冷加工只有两种基本情况：第一种是作用于钢材单位面积上的外力超过材料的屈服强度而小于其极限强度，不破坏材料的连续性，但使其产生永久变形，如加工中的辊、压、折、轧。矫正等；第二种是作用于钢材单位面积上的外力超过材料的极限强度，促进钢材产生断裂，如冷加工中的剪、冲、刨、铣、钻等，都是利用机械的作用力超过钢材的剪应力强度，使其部分钢材分离主体。

凡是超过屈服点而产生变形的钢材，其内部都会发生冷硬现象，从而改变钢材的机械性能，即硬度和脆性增加，而延伸率和塑性相应地降低。局部变化所产生的冷硬现象比钢材全部变形情况更为突出。

低温中的钢材，其韧性和延伸性均相应减小，极限强度和脆性相应增加，若此时进行冷加工，受力易使钢材产生裂纹，因此，低温时不宜进行冷加工。

冷加工与热加工比较，冷加工具有较多的优越性，如：使用的设备简单；操作方便，节约材料和燃料，钢材的机械性能改变较小，减薄量少等。因此，冷加工容易满足设计和施工的要求，从而提高了工作效率。

3)弯曲加工

弯曲加工是根据构件形状的需要，利用加工设备和一定的模具把板材或型钢弯制成一定形状的工艺方法。按加热程度，弯曲分为冷弯和热弯；按加工方法，弯曲分为压弯、滚弯和拉弯。

弯曲件的圆角半径不宜过太，也不宜过小。过大时，因回弹影响，会使构件精度不易保证；过小，则容易产生裂纹。根据实践经验，钢板最小弯曲半径在经退火和不经退火时较合理推荐数值如表5.7所示。

表5.7　**钢板最小弯曲半径**

材　料	退火状态		冷作硬化状态	
	弯曲线方向与纤维方向的对应位置(t为板厚)			
	垂直	平行	垂直	平行
08、10钢	0.1t	0.4t	0.4t	0.8t
15、20钢	0.1t	0.5t	0.5t	1.0t
25、30钢	0.2t	0.6t	0.6t	1.2t
45、50钢	0.5t	1.0t	1.0t	1.7t
65Mn	1.0t	2.0t	2.0t	3.0t
铝	0.1t	0.35t	0.5t	1.0t
紫铜	0.1t	0.35t	1.0t	2.0t
软黄铜	0.1t	0.35t	0.35t	0.8t
半硬黄铜	0.1t	0.35t	0.5t	1.2t
磷青铜	—	—	1.0t	3.0t

一般薄板材料弯曲半径可取较小数值，弯曲半径$\geq t$(t为板厚)；厚板材料弯曲半径取较大数值，弯曲半径$=2t$。

弯曲角度是指弯曲件的两翼夹角，它和弯曲半径不同，也会影响构件材料的抗拉强度；随着弯曲角度的缩小，应考虑将弯曲半径适当增大。

材料塑性越好，其变形稳定性越强，均匀延伸率越大，弯曲半径可减小；反之，塑性差，弯曲半径大。特殊脆性易裂的材料，在弯曲前应进行退火处理或加热弯制。

弯曲过程是在材料弹性变形后再达到塑性变形的过程。在塑性变形时，外层受拉伸，内层受压缩，拉伸和压缩使材料内部产生应力，应力的产生造成材料变形过程中存在一定的弹性变形，在失去外力作用时，材料就产生一定程度的回弹。影响回弹大小的因素主要有：①材料的机械性能：屈服强度越高，其回弹就越大；②变形程度：弯曲半径(R)和材料厚度(t)之比，比值越大，回弹越大；③变形区域：变形区域越大，回弹越大；④摩擦情况：材料表面和模具表面之间的摩擦会直接影响坯料各部分的应力状态，大多数情况下会增大弯曲变形区的拉应力，则回弹减小。

弯曲加工时，由于材料、模具以及工艺操作不合理，会产生各种质量缺陷，常见的质量缺陷以及解决方法见表5.8。

表5.8 弯曲加工常见质量缺陷及解决办法

序号	质量缺陷	原因分析	解决办法
1	折弯边不平直，尺寸不稳定	①设计工艺没有安排压线或预折弯 ②材料压料力不够 ③凸凹模圆角磨损不对称或折弯受力不均匀 ④高度尺寸太小	①设计压线或预折弯工艺 ②增加压料力 ③凸凹模间隙均匀、圆角抛光 ④高度尺寸不能小于最小极限尺寸
2	弯曲角有裂缝	①弯曲内半径太小 ②材料纹向与弯曲线平行 ③毛坯的毛刺一面向外 ④金属可塑性差	①加大凸模弯曲半径 ②改变落料排样 ③毛刺改在制件内圆角 ④退火或采用软性材料
3	工件折弯后外表面擦伤	①原材料表面不光滑 ②凸模弯曲半径太小 ③弯曲间隙太小	①提高凸凹模的光洁度 ②增大凸模弯曲半径 ③调整弯曲间隙
4	弯曲表面挤压料变薄	①凹模圆角太小 ②凸凹模间隙过小	①增大凹模圆角半径 ②修正凸凹模间隙
5	凹形件底部不平	①材料本身不平整 ②顶板和材料接触面积小或顶料力不够 ③凹模内无顶料装置	①校平材料 ②调整顶料装置，增加顶料力 ③增加顶料装置或校正 ④加整形工序
6	制件端面鼓起或不平	弯曲时，材料外表面在圆周方向受拉产生收缩变形，内表面在圆周方向受压产生伸长变形，因而沿弯曲方向出现挠曲端面产生鼓起现象	①制件在冲压最后阶段凸凹模应有足够压力 ②做出与制件外圆角相应的凹模圆角半径 ③增加并完善工序
7	弯曲引起孔变形	采用弹压弯曲并以孔定位时，弯臂外侧由于凹模表面和制件外表面摩擦而受拉，使定位孔变形	①采用V形弯曲 ②加大顶料板压力 ③在顶料板上加麻点格纹，以增大摩擦力，防止制件在弯曲时滑移
8	弯曲后不能保证孔位置尺寸精度	①制件展开尺寸不对 ②材料回弹引起 ③定位不稳定	①准确计算毛坯尺寸 ②增加校正工序或改进弯曲模成型结构 ③改变工艺加工方法或增加工艺定位
9	弯曲后两边对向的两孔轴心错移	材料回弹改变弯曲角度，使中心线错移	①增加校正工序 ②改进弯曲模结构减小材料回弹

续表

序号	质量问题	原因分析	解决办法
10	弯曲线与两孔中心联机不平行	弯曲高度小于最小弯曲极限高度时，弯曲部位出现外胀现象	①增加折弯件高度尺寸 ②改进折弯件工艺方法
11	带切口的制件向下挠曲	切口使两直边向左右张开，制件底部出现挠度	①改进制件结构 ②切口处增加工艺留量，使切口连接起来，弯曲后再将工艺留量切去
12	弯曲后宽度方向变形，被弯曲部位在宽度方向出现弓形挠度	由于制件宽度方向的拉深和收缩量不一致产生扭转和挠度	①增加弯曲压力 ②增加校正工序 ③保证材料纹向与弯曲方向有一定角度

弯曲加工设备种类很多，在一般情况下能和模压设备通用。常用弯曲加工设备有：液压弯管机、开式固定台压力机、单柱万能液压机、双盘摩擦压力机等。

弯曲加工操作注意事项：

(1)根据工件所需弯曲力，选择适当的压力设备。首先固定好上模，使模具重心与压力头的中心在一条直线上，再固定下模，上、下模平面必须吻合并紧密配合、间隙均匀，并检查上模有足够行程。

(2)开动压力机，试压，检查是否有异常情况，润滑是否良好。难以从模具中取出的工件，可适当加些润滑剂或润滑油，减小摩擦，以便脱模。

(3)正式弯曲前，必须再次检查工件编号、尺寸是否与图纸符合，料坯是否有影响压制质量的毛刺。对批量较大的工件，需加装能调整定位的挡块，发现偏差应及时调整挡块位置。

(4)弯曲后，必须对首次压出的工件进行检查，合格后，再进行连续压制，工作中应注意中间抽验。每一台班中也必须注意抽验。

(5)禁止用手直接在模具上取放工件。对于较大工件，可在模具外部取放；对于小于模具的工件，应借助其他器具取放；安全第一，防止出现人身事故。

(6)多人共同操作时，只能听从一人指挥。

(7)模具用完后，要妥善保存，不能乱放乱扔，还必须涂漆或涂油，防止锈蚀。

4)卷板(滚圆)

卷圆是滚圆钢板的制作，实际上就是在外力的作用下，使钢板的外层纤维伸长、内层纤维缩短而产生弯曲变形(中层纤维不变)。当圆筒半径较大时，可在常温状态下卷圆，如半径较小和钢板较厚时，则应将钢板加热后卷圆。在常温状态下进行卷圆的方法有机械滚圆、胎模压制和手工制作三种。

滚圆是在卷板机(又叫滚板机、轧圆机)上进行的，它主要用于卷圆各种容器、大直径焊接管道、锅炉汽包和高炉等的壁板。根据卷制时板料温度的不同，分冷卷、热卷与温卷，根据板料的厚度和设备条件来选定。

卷板机按轴辊数目和位置可分为三辊卷板机和四辊卷板机两类。三辊卷板机又分为对称式与不对称式两种。卷板机的工作原理如图 5.3 所示，其中，对称式三辊卷板机的轴辊沿轴向具有一定的长度，以使板料的整个宽度受到弯曲。在两个下辊的中间对称位置上有上辊，上辊在垂直方向调节，使置于上、下轴辊间的板料得到不同的弯曲半径。下辊是主动的，安装在固定的轴承内，由电动机通过齿轮减速器使其同方向同转速转动。上辊是被动的，安装在可上下移动的轴承内。大型卷板机上辊的调节采用机械或液压进行；小型卷板机中则常为手动调节，工作时板料置于上、下辊间，压下上辊，使板料在支承点间发生弯曲，当两下辊转动由于摩擦力作用使板料移动，从而使整个板料发生均匀的弯曲。

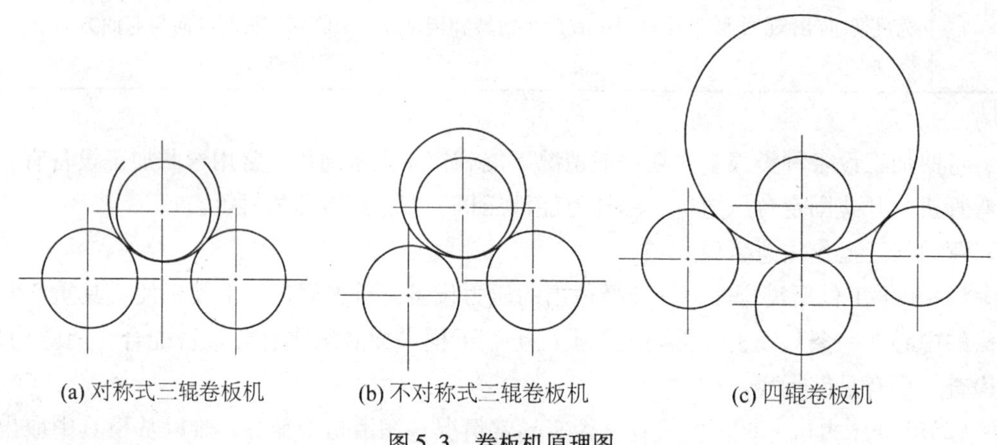

图 5.3　卷板机原理图

卷板工艺：①卷板前，需熟悉图纸、工艺、精度、材料性能等技术要求，然后选择适当的卷板机，并确定是冷卷、温卷还是热卷；②检查板料的外形尺寸、坡口加工、剩余直边和卡样板是否正确；③检查卷板机的运转是否正常，并向注油孔口注油；④清理工作场地，排除不安全因素；⑤卷板前，必须对板料进行预弯(压头)，由于板料在卷板机上弯曲时，两端边缘总有剩余直边，由于剩余直边在矫圆时难以完全消除，并造成较大的焊缝应力和设备负荷，容易产生质量事故和设备事故，所以一般应对板料进行预弯，使剩余直边弯曲到所需的曲率半径后再卷弯。预弯可在三辊卷板机、四辊卷板机或预弯水压机上进行。

使用卷板机和压力机操作时，应注意下列事项：①卷板前，应对设备加注润滑油，开空车检查其传动部分的运转是否正常，并根据需要调整好轴辊之间的距离；②加工的钢板厚度不能超过机械设备的允许最大厚度；③卷圆时，如戴手套，则手不要靠近轴辊，以免将手卷入油辊内；④卷圆直径很大的圆筒时，必须有吊车配合，以防止钢板因自重而使已卷过的圆弧部分回直或被压扁；⑤弧形钢板轧至末端时，操作人员应站在两边，不应站在正面，以防钢板下滑发生事故；⑥在卷圆过程中，应使用内圆样板检查钢板的弯曲度；⑦直径大的圆筒体，轧圆时，在接缝处应搭接 100mm 左右，并用夹具夹好后，再从卷板机上取下，以减少圆筒体的变形；⑧如室内温度低于-20℃，则应停止辊轧或压制工作，以免钢板因冷脆而产生开裂。

卷板的常见缺陷有：

(1)外形缺陷：如过弯、锥形、鼓形、束腰、边缘歪斜和棱角等。其原因主要有：轴辊调节过量、上下辊的中心线不平行、轴辊发生弯曲变形、上下辊压力和顶力太大、板料没有对中、预弯过大或过小。

(2)表面压伤：卷板时，钢板或轴辊表面的氧化皮及黏附的杂质会造成板料表面的压伤，尤其在热卷或热矫时，氧化皮与杂质对板料的压伤更为严重。为了防止卷板表面的压伤，应注意：在冷卷前，必须清除板料表面的氧化皮，并涂上保护涂料；热卷时，宜采用中生火焰；卷板设备必须保持干净，轴辊表面不得有锈皮、毛刺、棱角或其他硬性颗粒；卷板时，应不断吹扫内外侧剥落的氧化皮，矫圆时，应尽量减少反转次数等；非铁金属、不锈钢和精密板料卷制时，最好固定专用设备，并将轴辊磨光，消除棱角和毛刺等，必要时，用厚纸板或专用涂料保护工作表面。

(3)卷裂：板料在卷弯时，由于变形太大、材料的冷作硬化以及应力集中等原因，会使材料的塑性降低而造成裂纹。所以，为了防止卷裂，必须注意：对变形率大和脆生的板料，需进行正火处理；对缺口敏感性大的钢材，最好将板料预热到150~200℃后卷制；板料的纤维方向不宜与弯曲线垂直；对板料的拼接缝必须修磨至光滑平整。

质量检验时，应着重于对上面所提及的各种缺陷进行逐一验收，具体标准可根据设计制造和使用等要求而制定。

圆筒和圆锥筒体经卷圆后，为了保证产品质量，应用样板对其进行检查。检查时允许误差见表5.9。

表5.9 **圆筒和圆锥筒体的允许偏差**

钢板厚度(mm)	钢板宽度(mm)			
	≤500	500~1000	1000~1500	1500~2000
	容许偏差(mm)			
≤8	3.0	4.0	5.0	5.0
9~12	2.0	3.0	4.0	4.0
13~20	2.0	2.0	3.0	3.0
21~30	2.0	2.0	2.0	2.0

5)边缘加工

对加工质量要求不高并且工作量不大的边缘加工，可以采用铲边。铲边有手工和机械铲边两种。手工铲边的工具有手锤和手铲等，机械铲边的工具有风动铲锤和铲头等。

刨边主要是用刨边机进行。刨边的构件加工有直边和斜边两种，刨边加工的余量随钢材的厚度、钢板的切割方法不同而不同，一般刨边加工余量为2~4mm。

边缘加工的质量标准见表5.10。

表5.10 边缘加工的质量标准(允许误差)

加工方法	宽度，长度(mm)	直线度	坡度(°)	对角差(四边加工)(mm)
刨边	±1.0	L/3000，且不得大于2.0	±2.5	2
铣边	±1.0	0.3		1

对于有些构件的端部，可采用铣边(端面加工)的方法以代替刨边。铣边是为了保持构件的精度，如吊车梁、桥梁等接头部分和钢柱或塔架等的金属抵承部位，能使其力由承压面直接传至底板支座，以减少连接焊缝的焊脚尺寸，这种铣削加工一般是在端面铣床或铣边机上进行的。

碳弧气刨就是把碳棒作为电极，与被刨削的金属间产生电弧，此电弧具有6000℃左右高温，足以把金属加热到熔化状态，然后用压缩空气的气流把熔化的金属吹掉，达到刨削或切削金属的目的，如图5.4所示，图中碳棒1为电极，刨钳2夹住碳棒。通电时，刨钳接正极，工件4接负极，在碳棒与工件4接近处产生电弧并熔化金属，高压空气流3随即把熔化金属吹走，完成刨削。

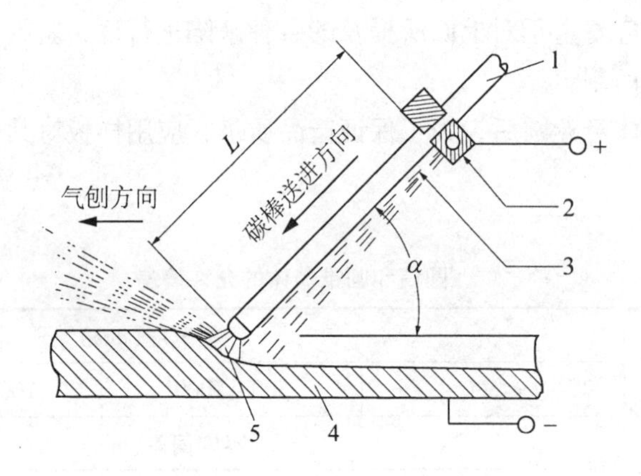

1—碳棒；2—刨钳；3—高压空气流；4—工件；5—熔化金属

图5.4 碳弧气刨示意图

碳弧气刨的应用范围：用碳弧气刨挑焊根，比采用风凿生产效率高，特别适用于仰位和立位的刨切，噪音比风凿小，并能减轻劳动强度；采用碳弧气刨翻修有焊接缺陷的焊缝时，容易发现焊缝中各种细小的缺陷；碳弧气刨还可以用来开坡口、清除铸件上的毛边和浇冒口以及铸件中的缺陷等，同时还可以切割金属，如铸铁、不锈钢、铜、铝等。但碳弧气刨时，在刨削过程中会产生一些烟雾，如施工现场通风条件差，对操作者的健康会产生不利影响，所以施工现场必须具备良好的通风条件和措施。

碳弧气刨操作技术：采用碳弧气刨时，要检查电源极性，根据碳棒直径调节好电流，同时调整好碳棒伸出的长度。起刨时，应先送风，随后引弧，以免产生夹碳。在垂直位置刨削时，应由上而下移动，以便于流渣流出。当电弧引燃后，开始刨削时，速度稍慢一点；操作时，应尽可能顺风向操作，防止铁水及熔渣烧坏工作服及烫伤皮肤；并应注意场地防火。在容器或舱室内部操作时，操作部位不能过于狭小，同时要加强抽风及排除烟尘措施。

6）制孔

孔加工在钢结构制造中占有一定比例，尤其是高强螺栓，使用广泛。

钢结构零部件加工的制孔有钻孔、冲孔和火焰割孔等几种方法。钻孔是利用切削原理，对孔壁部分损伤较小，孔精度较高，是目前常用的制孔方法；另两种方法成孔精度不高，目前使用较少。

A、B 级螺栓孔（Ⅰ类孔）应具有 H12 的精度，孔壁表面粗糙度 *Ra* 不应大于 12.5μm。其孔径的允许偏差应符合表 5.11 的规定。C 级螺栓孔（Ⅱ类孔），孔壁表面粗糙度 *Ra* 不应大于 25μm，其允许偏差应符合表 5.12 的规定。检验螺栓孔精度的工具有游标卡尺或孔径量规。检查数量按钢构件数量抽查 10%，且不应少于 3 件。

表 5.11　**A、B 级螺栓孔径的允许偏差**　（单位：mm）

序号	螺栓公称直径、螺栓孔直径	螺径公称直径允许偏差	螺栓孔直径允许偏差
1	10～18	0.00～0.18	+0.18 0.00
2	18～30	0.00～0.21	+0.21 0.00
3	30～50	0.00～0.25	+0.25 0.00

表 5.12　**C 级螺栓孔的允许偏差**　（单位：mm）

项　目	允许偏差
直　径	+1.0 0.0
圆　度	2.0
垂直度	0.03*t*，且不应大于 2.0

7）摩擦面处理

摩擦面的加工是指使用高强螺栓做连接节点处的钢材表面加工，高强度螺栓摩擦面处理后的抗滑移系数（定义）试验值必须符合设计文件的要求（表 5.13）。

摩擦面抗滑移系数的大小取决于构件的材质和摩擦面的处理方法，摩擦面的处理一般有喷砂、喷丸、手工动力工具打磨(打磨方向与受力方向垂直)等方法，施工单位可根据设计文件的要求和设备配备情况选择加工方法。

表5.13 不同材质的钢材采用的不同摩擦面处理方法的抗滑移系数

摩擦面的处理方法		构件材质		
		Q235	Q345或Q390	Q420
普通钢结构	喷砂(喷丸)	0.45	0.55	0.55
	喷砂后涂无机富锌漆	0.35	0.40	0.40
	喷砂后生赤锈	0.45	0.55	0.55
	钢丝刷清除浮锈或未经处理的干净轧制表面	0.30	0.35	0.40

5.3 组 装

钢结构构件的组装是遵照施工图的要求，把已加工完成的各零件或半成品构件，用装配的手段组合成为独立的成品，这种装配的方法通常称为组装。根据组装构件的特性以及组装程度，可分为部件组装、组装、预总装。

部件组装是装配的最小单元的组合，它由两个或两个以上零件按施工图的要求装配成为半成品的结构部件。

组装是把零件或半成品按施工图的要求装配成为独立的成品构件。

预总装是根据施工总图把相关的两个以上成品构件，在工厂制作场地上，按其各构件空间位置总装起来。其目的是直观地反映出各构件装配节点，保证构件安装质量。目前，预总装已广泛使用在采用高强度螺栓连接的钢结构构件制造中。

5.3.1 钢结构构件组装的一般规定

(1)组装前，施工人员必须熟悉构件施工图及有关的技术要求，并且根据施工图要求复核需组装零件质量。

(2)选择的场地必须平整，而且还应具有足够的刚度。

(3)布置装配胎模时，必须根据其钢结构构件特点考虑预放焊接收缩余量及其他各种加工余量。

(4)组装出首批构件后，必须由质量检查部门进行全面检查，经合格认可后，方可进行继续组装。

(5)构件在组装过程中必须严格按工艺规定装配，当有隐蔽焊缝时，必须先行预施焊，并经检验合格方可覆盖。当有复杂装配部件不易施焊时，亦可采用边装配边施焊的方法来完成其装配工作。

(6)为了减少变形和装配顺序，应尽量先组装焊接成小件，并进行矫正，使尽可能消除施焊产生的内应力，再将小件组装成整体构件。

(7)高层建筑钢结构构件和框架钢结构构件均必须在工厂进行预拼装。

5.3.2　钢结构构件组装的方法

组装的通常使用方法见表5.14。钢结构构件组装方法，必须根据构件的结构特性和技术要求，结合制造厂的加工能力、机械设备等情况，选择能有效控制组装的精度、耗工少、效益高的方法进行。

画线法组装是组装中最简便的装配方法，主要适用于少批量零件的部件组装。地样法就是画线法的典型。胎模装配法组装是目前制作大批构件组装中普遍采用的方法之一。组装用的典型胎模有H型钢结构组装水平胎模、H型钢结构竖向组装胎模、箱型组装胎模。

表5.14　**钢结构构件组装方法**

名　　称	装配方法	适用范围
地样法	用1∶1比例在装配平台上放出构件实样，然后根据零件在实样上的位置，分别组装起来	桁架、框架等少批量结构组装
仿形复制装配法	先用地样法组装成单面结构，并且必须定位点焊，然后翻身作为复制胎膜，在上装配另一单面结构，往返2次组装	横断面互为对称的桁架结构
立装	根据构件的特点及其零件的稳定位置，选择自上而下或自下而上的装配	用于放置平稳、高度不大的结构或大直径圆筒
卧装	构件放置平卧位置装配	用于断面不大但长度较大的细长构件
胎膜装配法	把构件的零件用胎膜定位在其装配位置上的组装	用于制造构件批量大、精度高的产品

钢结构组装必须严格按照工艺要求进行，在通常情况下，其顺序是采用先组装主要结构的零件，从内向外或从里向外的装配方法。装配组装全过程不允许采用强制的方法来组装构件；避免产生各种内应方，以减少其装配变形。

5.3.3　焊接结构拼装的常用工具

焊接结构拼装的常用工具有卡兰或铁楔子夹具、槽钢夹紧器、矫正夹具、拉紧器、正反丝扣推撑器、液压油缸及手动千斤顶等。

5.3.4 组装质量检验

组装出首批构件后，必须由质量检查部门进行全面检查，组装质量检验应符合下列要求：

(1)焊接H型钢的翼缘板拼接缝和腹板拼接缝的间距不应小于200mm，翼缘板拼接长度不应小于2倍板宽；腹板拼接宽度不应小于300mm，长度不应小于600mm。

(2)吊车梁和吊车桁架不应下挠。

(3)焊接H型钢的允许偏差应符合表5.15的规定。

表5.15 **焊接H型钢的允许偏差** (单位：mm)

项目		允许偏差	图例
截面高度 h	$h<500$	±2.0	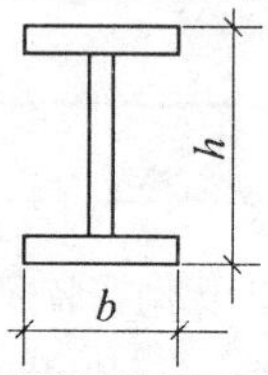
	$500<h<1000$	±3.0	
	$h>1000$	±4.0	
截面宽度 b		±3.0	
腹板中心偏移		2.0	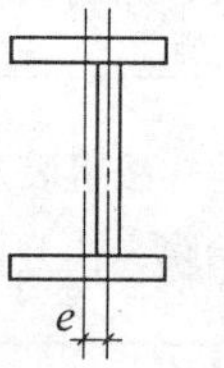
翼板垂直度 Δ		$b/100$，且不应大于3.0	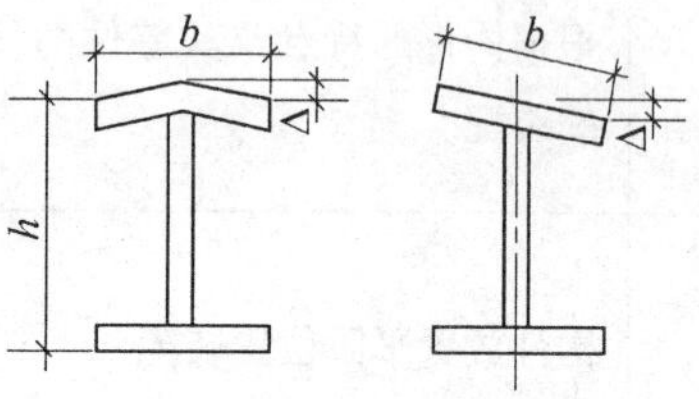
弯曲矢高（受力构件除外）		$l/1000$，且不应大于10.0	
扭曲		$h/250$，且不应大于5.0	
腹板局部平面度 f	$t<14$	3.0	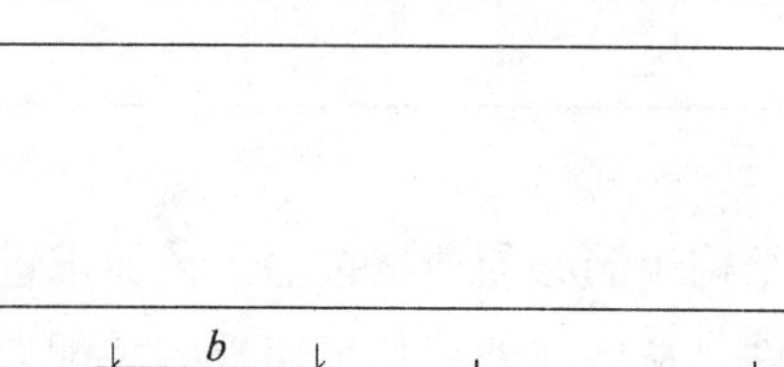
	$t\geqslant14$	2.0	

(4)桁架结构杆件轴线交点错位的允许偏差不得大于3.0mm。

(5)焊接连接制作组装的允许偏差应符合表5.16的规定。

表5.16　**焊接连接制作组装的允许偏差**　(单位：mm)

<table>
<tr><th colspan="2">项　目</th><th>允许偏差</th><th>图　例</th></tr>
<tr><td colspan="2">对口错边Δ</td><td>t/10，且不应大于3.0</td><td rowspan="2">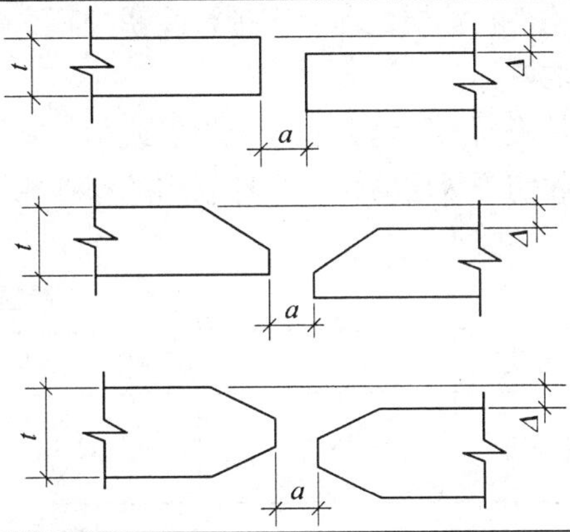
</td></tr>
<tr><td colspan="2">间隙a</td><td>±1.0</td></tr>
<tr><td colspan="2">搭接长度a</td><td>±5.0</td><td rowspan="2">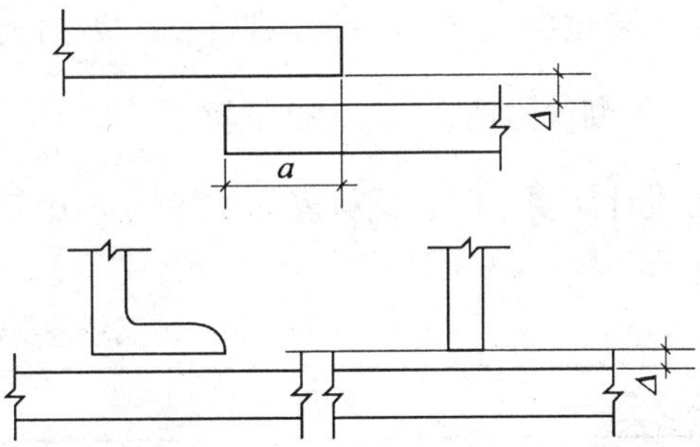
</td></tr>
<tr><td colspan="2">缝隙Δ</td><td>1.5</td></tr>
<tr><td colspan="2">高度h</td><td>±2.0</td><td rowspan="3">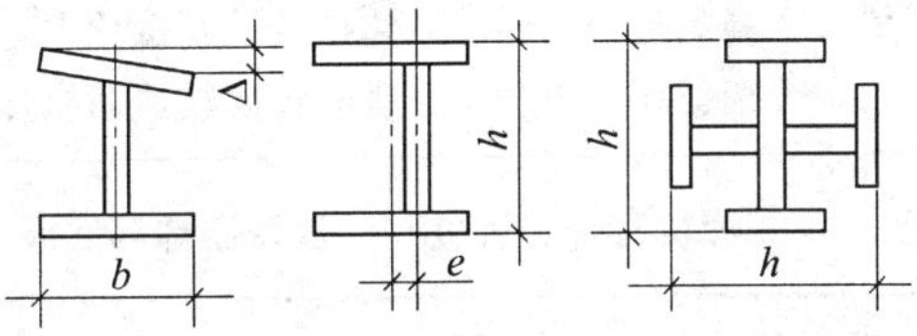
</td></tr>
<tr><td colspan="2">垂直度Δ</td><td>b/100，且不应大于3.0</td></tr>
<tr><td colspan="2">中心偏移e</td><td>±2.0</td></tr>
<tr><td rowspan="2">型钢错位</td><td>连接处</td><td>1.0</td><td rowspan="2">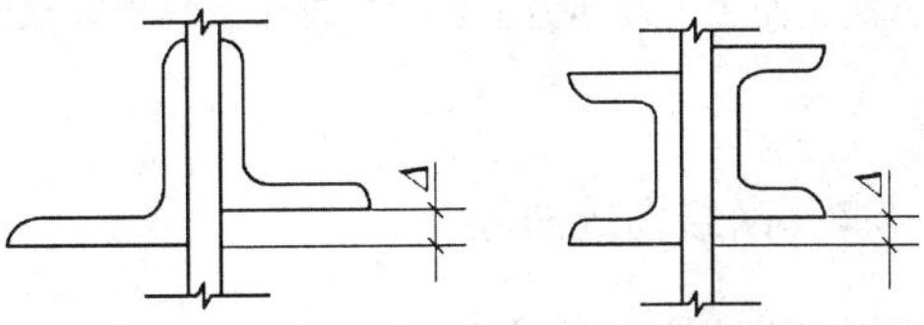
</td></tr>
<tr><td>其他处</td><td>2.0</td></tr>
<tr><td colspan="2">箱形截面高度h</td><td>±2.0</td><td rowspan="3">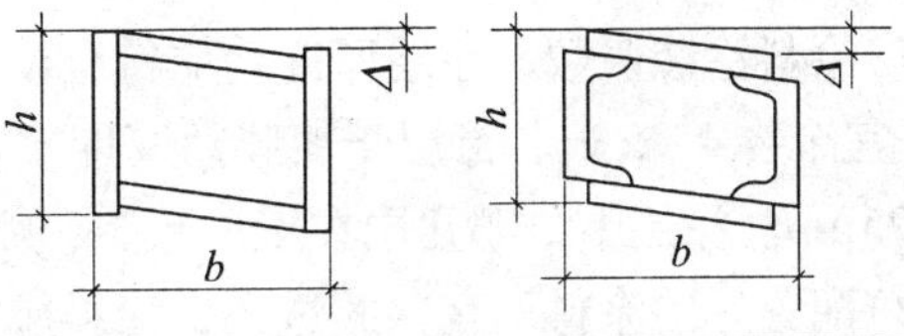
</td></tr>
<tr><td colspan="2">宽度b</td><td>±2.0</td></tr>
<tr><td colspan="2">垂直度Δ</td><td>b/200，且不应大于3.0</td></tr>
</table>

5.4 成品的表面处理、油漆、堆放和装运

5.4.1 构件表面处理

钢构件在涂层之前，应进行除锈处理，锈除干净可提高底漆的附着力，直接关系到涂层质量的好坏。

构件表面的除锈方法分为喷射或抛射除锈、手工或动力工具除锈两大类。构件的除锈方法与除锈等级应与设计文件采用的涂料相适应。构件除锈等级见表5.17。

表5.17 除锈等级

除锈方法	喷射或抛射除锈			手工或动力工具除锈	
除锈等级	Sa2	$Sa2\frac{1}{2}$	Sa3	St2	St3

手工除锈中，St2为一般除锈，St3为彻底除锈。喷、抛射除锈中，Sa2为一般除锈，$Sa2\frac{1}{2}$为较彻底除锈，Sa3为彻底除锈。

当设计无要求时，钢材表面的除锈等级应符合表5.18的规定。

表5.18 各种底漆或防锈漆要求最低的除锈等级

涂料品种	除锈等级
油性酚醛、醇酸等底漆或防锈漆	St2
高氯化聚乙烯、氯化橡胶、氯磺化聚乙烯、环氧树脂、聚氨酯等底漆或防锈漆	Sa2
无机富锌、有机硅、过氯乙烯等底漆	$Sa2\frac{1}{2}$

注：目前国内各大、中型钢结构加工企业一般都具备喷射除锈的能力，所以应将喷射除锈作为首选的除锈方法，而手工或动力工具除锈仅作为喷射除锈的补充手段。

5.4.2 钢结构的油漆

钢结构的油漆应注意下述事项：

(1)涂料涂装遍数、涂层厚度均应符合设计文件的要求。当设计文件对涂层厚度无要求时，宜涂装4~5遍，涂层干漆膜总厚度应达到以下要求：室外应大于150μm，室内应大于125μm。涂层中，哪几层在工厂涂装，哪几层在工地涂装，应按合同中的规定。

(2)配置好的涂料不宜存放过久，涂料应在使用的当天配置。稀释剂的使用应按说明书的规定执行，不得随意添加。

(3)涂装时的环境温度和相对湿度应符合涂料产品说明书的要求。雨雪天气不得室外作业。涂装后4h之内不得淋雨，防止尚未固化的漆膜被雨水冲坏。各种常用涂料的表干和实干时间见表5.19。

表5.19　**常用涂料的表干和实干时间**　(单位：h)

涂料品种	表干不大于	实干不大于	涂料品种	表干不大于	实干不大于
红丹油性防锈漆	8	36	各色醇酸磁漆	12	18
铝铬红环氧酯防锈漆	4	24	灰铝锌醇酸磁漆	6	24
铝铁酚醛防锈漆	3	24			

注：工作地点温度在25℃，湿度小于70%。

(4)施工图中注明不涂装的部位不得涂装。安装焊缝处应留出30～50mm暂不涂装。

(5)涂装应均匀，无明显起皱、流挂，附着应良好。

(6)涂装完毕后，应在构件上标注构件的原编号。大型构件应标明重量、重心位置和定位标记。

5.4.3　成品检验

构件的各项技术数据经检验合格后，对加工过程中造成的焊疤、凹坑应予补焊，并铲磨平。对临时支撑、夹具应予以割除。

铲磨后零件表面的缺陷深度不得大于材料厚度负偏差值的1/2；对于吊车梁的受拉翼缘，尤其应注意其光滑过渡。

产品经过检验部门签收后再进行涂底，并对涂底的质量进行验收。

钢结构制造单位在成品出厂时应提供钢结构出厂合格证书及技术文件，其中应包括：施工图和设计变更文件，设计变更的内容应在施工图中相应部位注明；制作中对技术问题处理的协议文件；钢材、连接材料和涂装材料的质量证明书和试验报告；焊接工艺评定报告；高强度螺栓摩擦面抗滑移系数试验报告、焊缝无损检验报告及涂层检测资料；主要构件验收记录；需要进行预拼装时的预拼装记录；构件发运和包装清单。

5.4.4　钢结构成品堆放

成品验收后，在装运或包装以前，应堆放在成品仓库。成品堆放应防止失散和变形。堆放时应注意下述事项：堆放场地应平整干燥，并备有足够的垫木、垫块，使构件得以放平、放稳；侧向刚度较大的构件可水平堆放，当多层叠放时，必须使各层垫木在同一垂线上；大型构件的小零件应放在构件的空当内，用螺栓或铁丝固定在构件上；同一工程的构件应分类堆放在同一地区，以便发运。

5.4.5　钢结构包装

(1)钢结构的加工面、轴孔和螺纹均应涂以润滑脂和贴上油纸，或用塑料布包裹，螺孔应用木楔塞住。

(2)细长构件可打捆发运，一般用小槽钢在外侧用长螺丝夹紧，其空隙处填以木条。

(3)有孔的板形零件，可穿长螺栓或用铁丝打捆。

(4)较小零件应装箱，已涂底又无特殊要求者不另做防水包装，否则，应考虑防水措施。

(5)包装和捆扎时，均应注意密实和紧凑，以减少运输时的失散、变形，而且可降低运输费用。

(6)需船运的构件，除大型构件外，均需打捆或装箱。螺栓、螺纹杆以及连接板要用防水材料外套封装。每个包装箱、裸装件及捆装件的两边都要有标明船运所需标志，标明包装件的重量、数量、中心和起吊点。

(7)填写包装清单并核实数量。

☞课后拓展

1. 参观校内实训基地、校外实训基地，简述钢结构构件加工的主要流程。

2. 通过图书馆、因特网查找最新的钢结构加工工艺，如等离子切割、焊接技术、水刀切割技术、数控埋弧焊技术等，说说三种以上新工艺的使用范围及优缺点。

第 6 章　钢结构安装

☞**主要内容**：钢结构安装准备工序、钢结构安装。
☞**对应岗位**：钢结构安装。
☞**关键技能**：吊车选择、构件安装。

钢结构安装包括：工艺流程、安装方法的选择以及主要构件的安装与校正。学习本章，要求学生会选择起重机具、吊具和索具，会对安装过程进行安全、技术、质量管理和控制，并锻炼学生组织能力、协调能力、管理能力。

6.1　钢结构安装前准备

钢结构安装工序是建筑施工活动中的主要组成部分。结构质量的好坏，除材料合格、制作精度高外，还要依靠科学合理的安装工艺来保证。钢结构安装准备工作包括两大内容：一是技术准备，如熟悉图纸、图纸会审、计算工程量、编制施工组织设计；二是施工现场各项准备工作，如现场环境、道路、水电、构件准备、搭设安全设施等。这两部分工作是相互联系、相互影响的。

6.1.1　编制钢结构工程的施工组织设计

钢结构工程的施工组织设计内容包括：工程概况和特点介绍，计算钢结构构件和连接件数量，选择安装机械，确定流水程序，确定构件吊装方法，制订进度计划，确定劳动组织，规划钢构件堆场，确定质量标准及保证措施、安全措施、环境保证措施和特殊施工技术等。

6.1.2　文件资料准备

1. 设计文件准备

包括：钢结构设计图、建筑图、相关基础图、钢结构施工图、各分部工程施工详图、其他有关图纸及有关技术文件。

2. 图纸自审和会审

(1)图纸自审应符合下列规定：

①熟悉并掌握设计文件内容；

②发现设计中影响构件安装的问题；

③提出与土建和其他专业工程的配合要求。

(2)图纸会审应符合下列规定：

专业工程之间的图纸会审，应由工程总承包单位组织，各专业工程承包单位参加，并符合下列规定：

①基础与柱子的坐标应一致，标高应满足柱子的标高要求；

②与其他专业工程设计文件无矛盾；

③确定与其他专业工程配合施工工序。

(3)钢结构设计、制作与安装单位之间的图纸会审，应符合下列规定：

①设计单位应做设计意图说明和提出工艺要求；

②制作单位应介绍钢结构制作工艺；

③安装单位应介绍施工程序和主要方法，并对设计和制作单位提出具体要求和建议。

6.1.3 现场准备工作

一个安装工地要如期、安全地完成任务，现场的准备工作必不可少，现场准备工作包括以下部分：

1. 路线

路线主要是看进出场地、施工现场起重机行走路线及构件运输道路是否平整、坚实、畅通，旋转半径是否符合大型车辆通过的要求。

2. 现场环境

施工现场环境主要看是否能布置得下构件。对于重型构件，如钢柱、钢梁，要尽量满足吊装要求，尽量把施工场地推平，清除障碍物。

3. 电源

电源在吊装过程中作用很大，因为装配式构件吊装就位后的固定手段一部分是通过焊接来实现的，而且使用比较集中。在查看现场时，要落实电源的容量是否满足施工用电量的要求。

4. 安全准备

上人梯、操作平台以及脚手架的搭设要重点检查是否牢固、合理，操作面是否满足操作人员使用需要，安全网、安全带是否符合要求。

5. 构件的准备

构件的准备工作内容多，检查时应周详，其内容一般包括以下几点：

(1)清理预埋件及接合部位的水泥浆、铁锈等污物；

(2)构件上的控制线、标高控制点是否齐全，它们是检查、校核跨度、柱距、垂直度的依据；

(3)检查构件的强度及构件外形尺寸偏差情况；

(4)构件编号是否清晰完整。

6. 基础验收

钢结构安装前，应对建筑物的定位轴线、基础轴线和标高、地脚螺栓位置、规格等进检查，并应进行基础检测和办理交接验收。当基础工程分批进行交接时，每次交接验收应不少于一个安装单元的柱基基础，并应符合下列规定：

(1)基础混凝土强度达到设计强度；

(2)基础纵横轴线位置和基础标高基准点准确、齐全；

(3)基础顶面预埋钢板(钢柱的支承面)和地脚螺栓的位置(如在浇灌混凝土时其是否移动变形)等的偏差在相关规范规定允许范围以内(若不在规范规定允许范围，则应当在吊装施工前予以解决)，预埋钢板与基础顶面混凝土紧贴性符合相关规范规定。

6.1.4　吊装方法选择

1. 节间吊装法

起重机在厂房内一次运行中，依次吊完一个节间各类型构件，即先吊完节间柱，并立即校正、固定、灌浆，然后接着吊装地梁、柱间支撑、墙梁(连续梁)、吊车梁、走道板、柱头系杆、托架(托梁)、屋架、天窗架、屋面支撑系统、屋面板和墙板等构件。一个(或几个)节间的构件全部吊装完后，起重机再向前移至下一个(或几个)节间，再吊装下一个(或几个)节间全部构件，直至吊装完成。

优点：起重机运行路线短，停机一次至少吊完一个节间，不影响其他工序，可进行交叉平行流水作业，缩短工期；构件制作组装误差能及时发现并纠正；吊完一个节间，校正固定一个节间，结构整体稳定性好，有利于保证工程质量。

缺点：需用起重量大的起重机同时吊装各类构件，不能充分发挥起重机效率，无法组织单一构件连续作业；各类构件必须交叉配合，场地构件堆放过密，吊具、索具更换频繁，准备工作复杂；矫正工作零碎、困难；柱子固定需要一定时间，难以组织连续作业，拖长吊装时间，吊装效率较低；操作面窄，易发生安全事故。

这种吊装方法适于采用回转式桅杆进行吊装，在特殊要求的结构(如门式框架)或某种原因局部特殊需要(如急需施工地下设施)时采用。

2. 分件吊装法

这种吊装方法先将构件按其结构特点、几何形状及其相互联系进行分类，同类构件按顺序一次吊装完后，再进行另一类构件的安装，如起重机第一次运行中先吊装厂房内所有柱子，待校正、固定灌浆后，依次按顺序吊装地梁、柱间支撑、墙梁、吊车梁、托架(托梁)、屋架、天窗架、屋面支撑和墙板等构件，直至整个建筑物吊装完成。屋面板的吊装有时在屋面上单独用 1 ~2 台桅杆或屋面小吊车来进行。

优点：起重机在一次运行中仅吊装一类构件；吊装内容单一；准备工作简单，校正方便，吊装效率高；柱子有较长的固定时间，施工比较安全；与节间法相比，可选用起重量小一些的起重机吊装，可利用改变起重臂杆长度的方法，分别满足各类构件吊装起重量和起重高度的要求，能有效发挥起重机的效率；构件可分类在现场顺序预制、排放，场外构件可按先后顺序组织供应；构件预制吊装、运输、排放条件好，易于布置。

缺点：起重机运行频繁，增加机械台班费用；起重臂长度改换需一定时间，不能按节间及早为下道工序创造工作面，阻碍了工序的穿插，相对吊装工期较长；屋面板吊装需有辅助机械设备。

这种吊装方法适用于一般中、小型厂房的吊装。

3. 综合吊装法

这种吊装方法将全部或一个区段的柱头以下部分的构件用分件法吊装，即柱子吊装完毕并校正固定，待柱杯口二次灌浆混凝土达到 70% 强度后，再按顺序吊装地梁、柱间支撑、吊车梁走道板、墙梁、托架(托梁)，接着一个节间一个节间地综合吊装屋面结构构件，包括屋架、天窗架、屋面支撑系统和屋面板等构件，整个吊装过程按三次流水进行，根据不同的结构特点，有时也采用两次流水，即先吊柱子，后分节间吊装其他构件。吊装通常采用两台起重机，一台起重量大的承担柱子、吊车梁、托架和屋面结构系统的吊装；另一台吊装柱间支撑、走道板、地梁、墙梁等构件，并承担构件卸车和就位排放。

这种吊装方法保持了节间吊装法和分件吊装法的优点，避免了缺点，能最大限度地发挥起重机的能力和效率、缩短工期，是实践中广泛采用的一种方法。

6.1.5 起重机的选择

1. 选择依据

(1)构件最大重量(单个)、数量、外形尺寸、结构特点、安装高度及吊装方法等；

(2)各类型构件的吊装要求，以及施工现场条件(道路、地形、邻近建筑物、障碍物等)；

(3)选用吊装机械的技术性能(起重量、起重臂杆长、起重高度、回转半径、行走方式等)；

(4)吊装工程量的大小、工程进度要求等；

(5)现有或能租赁到的起重设备；

(6)施工力量和技术水平；

(7)构件吊装的安全和质量要求及经济合理性。

2. 选择原则

(1)选用时，应考虑起重机的性能(工作能力)、使用方便、吊装效率、吊装工程量和工期等要求；

(2)能适应现场道路、吊装平面布置和设备、机具等条件，能充分发挥其技术性能；

(3)能保证吊装工程质量、安全施工和有一定的经济效益；

(4)避免使用大起重能力的起重机吊装小构件，用起重能力小的起重机超负荷吊装大构件，选用改装的未经过实际负荷试验的起重机进行吊装，或使用台班费高的设备。

6.1.6 吊装准备

1. 吊装技术准备

(1)认真细致学习和全面熟悉、掌握有关的施工图纸、设计变更、施工规范、设计要求、吊装方案等有关资料，核对构件的空间就位尺寸和相互间的联系，掌握结构的高度、宽度，以及构件的型号、数量、几何尺寸，主要构件的重量及构件间的连接方法。

(2)了解水文、地质、气象及测量等资料。

(3)掌握吊装场地范围内的地面、地下、高空的环境情况。

(4)了解已选定的起重及其他机械设备的性能及使用要求。

(5)编制吊装工程作业设计，主要包括施工方法、施工计划、构件的运输、堆放、施工人员及机械设备配备、物质供应、施工总平面布置、安全技术及保证质量措施等。

2. 构件准备

(1)清点构件的型号、数量，并按设计和规范要求对构件质量进行全面检查，包括构件强度与完整性(有无严重裂缝、扭曲、侧弯、损伤及其他严重缺陷)、外形和几何尺寸、平整度；埋设件、预留孔位置、尺寸和数量；接头钢筋吊环、埋设件的稳固程度和构件的轴线等是否准确，有无出厂合格证。如超出设计或规范规定偏差，则应在吊装前纠正。

(2)在构件上根据就位、校正的需要弹好轴线。柱子应弹出三面中心线；牛腿面与柱顶面中心线；±0.000线(或标高准线)，吊点位置；基础杯口应弹出纵横轴线；吊车梁、屋架等构件应在端头与顶面及支承处弹出中心线及标高线；在屋架(屋面梁)上弹出天窗架、屋面板或檩条的安装就位控制线，两端及顶面弹出安装中心线。

(3)对现场构件进行脱模及排放；对场外构件进行进场及排放。

(4)检查厂房柱基轴线和跨度，基础地脚螺栓位置和伸出是否符合设计要求，找好柱基标高。

(5)按图纸对构件进行编号。不易辨别上下、左右、正反的构件，应在构件上用记号标明，以免吊装时搞错。

3. 吊装接头准备

(1)准备和分类清理好各种金属支撑件及安装接头用连接板、螺栓、铁件和安装垫铁；焊接必要的连接件(如屋架、吊车梁垫板、柱支撑连接件及其余与柱连接相关的连接件)，以减少高空作业。

(2)清除构件接头部位及埋设件上的污物、铁锈。

(3)对需组装、拼装及临时加固的构件，按规定要求使其达到具备吊装条件。

(4)在基础杯口底部，根据柱子制作的实际长度(从牛腿至柱脚尺寸)误差，调整杯底标高，用1∶2水泥砂浆找平，标高允许差为±5mm，以保持吊车梁的标高在同一水平面上；当预制柱采用垫板安装或重型钢柱采用杯口安装时，应在杯底设垫板处局部抹平，并加设小钢垫板。

(5)柱脚或杯口侧壁未划毛的，要在柱脚表面及杯口内稍加凿毛处理。

(6)要根据钢柱实际长度、牛脚间距离、钢板底板平整度检查结果，在柱基础表面浇筑标高块(标高块成卡字式或四点式)，标高块强度不应小于30MPa，表面埋设16~20mm厚钢板，基础上表面亦应凿毛。

4. 检查构件吊装的稳定性

(1)根据起吊点位置，验算柱、屋架等构件吊装时的抗裂度和稳定性，防止出现裂缝和构件失稳。

(2)对屋架、天窗架、组合式屋架、屋面梁等侧向刚度差的构件，在横向用1~2道杉木脚手杆或竹竿进行加固。

(3)按吊装方法要求将构件按吊装平面布置图准备就位。直立排放的构件，如屋架天窗架等，应用支撑稳固。

(4)高空就位构件应绑扎好牵引溜绳、缆风绳。

5. 吊装机具、材料、人员准备

(1)检查吊装用的起重设备、配套机具、工具等是否齐全、完好，运输是否灵活，并进行试运转。

(2)准备好并检查吊索、卡环、绳卡、横吊梁、倒链、千斤顶、滑车等吊具的强度和数量是否满足吊装需要。

(3)准备吊装工具、高空用吊挂脚手架、操作台、爬梯、溜绳、缆风绳、撬杠、大锤、钢(木)楔、垫木铁垫片、线锤、钢尺、水平尺、测量标记以及水准仪、经纬仪等。做好埋设地锚等工作。

(4)准备施工用料，如加固脚手杆、电焊、气焊、设备、材料等的供应准备。

6.1.7 构件运输和堆放

1. 构件的运输顺序

构件的运输顺序应满足构件吊装进度计划要求。运输构件时，应根据构件的长度、重量、断面形状选用车辆；构件在运输车辆上的支点、两端伸出的长度及绑扎的方法均应保证构件不产生永久变形、不损伤涂层。构件装卸时，应按设计吊点起吊，并应有防止损伤构件的措施。

2. 构件的运输要求

构件的运输要求与构件的吊装密切配合，根据吊装进度及所需构件，编制构件进场时间表，至少要求在吊装的前一天将构件运至安装现场交验。分批运到的构件以货运单为依据，并逐车逐件清点，构件验收以图纸和《钢结构施工质量验收规范》(GB50205—2001)中有关规定为依据。

3. 构件的配套供应

构件必须按照现场安装顺序的需要配套供应，各种构件必须按预定进场时间进场。

(1)钢柱、钢梁运输采用载重汽车，其他构件按吊装的顺序分批进场；

(2)钢构件进入施工现场后，按构件编号卸在拼装台旁进行组装后，用吊车运到吊装位置上。

4. 构件的堆放

构件的堆放场地应平整坚实，无水坑、冰层，并应有排水设施。构件应按种类、型号、安装顺序分区堆放；构件底层垫块要有足够的支承面。相同型号的构件叠放时，每层构件的支点要在同一垂直线上。

5. 钢构件与材料的进场和堆放注意事项

(1)钢构件及其他工程所需材料在运至现场前，都应在现场预先确定其指定的临时堆场和堆放位置(条件允许时，堆放位置应优先选在其安装或加工位置附近，尽可避免再次搬运，保证施工进度)。

(2)钢构件及材料进场量应根据安装方案提出的进度计划来安排，并应考虑现场的堆放限制，同时应协调安装现场与制作加工的关系，做到安装工作按施工计划进行。

(3)钢构件及材料进场后，为防止其变形和损坏，堆放时应放在稳定的枕木上，并根据构件的编号和安装顺序来分类。其中，螺栓应采用防水包装，并将其放在托板上以便运输，存放时，应根据其尺寸和高度分组存放，只有在使用时才打开包装。构件的标记应外露，以便于识别和检查。同时，按随车货运清单核对所到构件和材料的数量及编号检查其是否相符，构件是否配套，若发现问题，应迅速采取措施，更换或补充构件。严格按图纸要求和相关规范对构件的质量进行验收检查及做好相关记录。堆放记录(场地、构件等)应当留档备查。对于运输中受到严重损伤和制作不符合相关规范规定的构件，应当在安装前进行返修或更换。

(4)堆放场地应有通畅的排水措施。

(5)所有计量检测工具应注意保养，并严格按规定定期送检。

6.2　钢结构安装

6.2.1　钢结构主体安装工艺及流程

1. 工艺流程图(图 6.1)

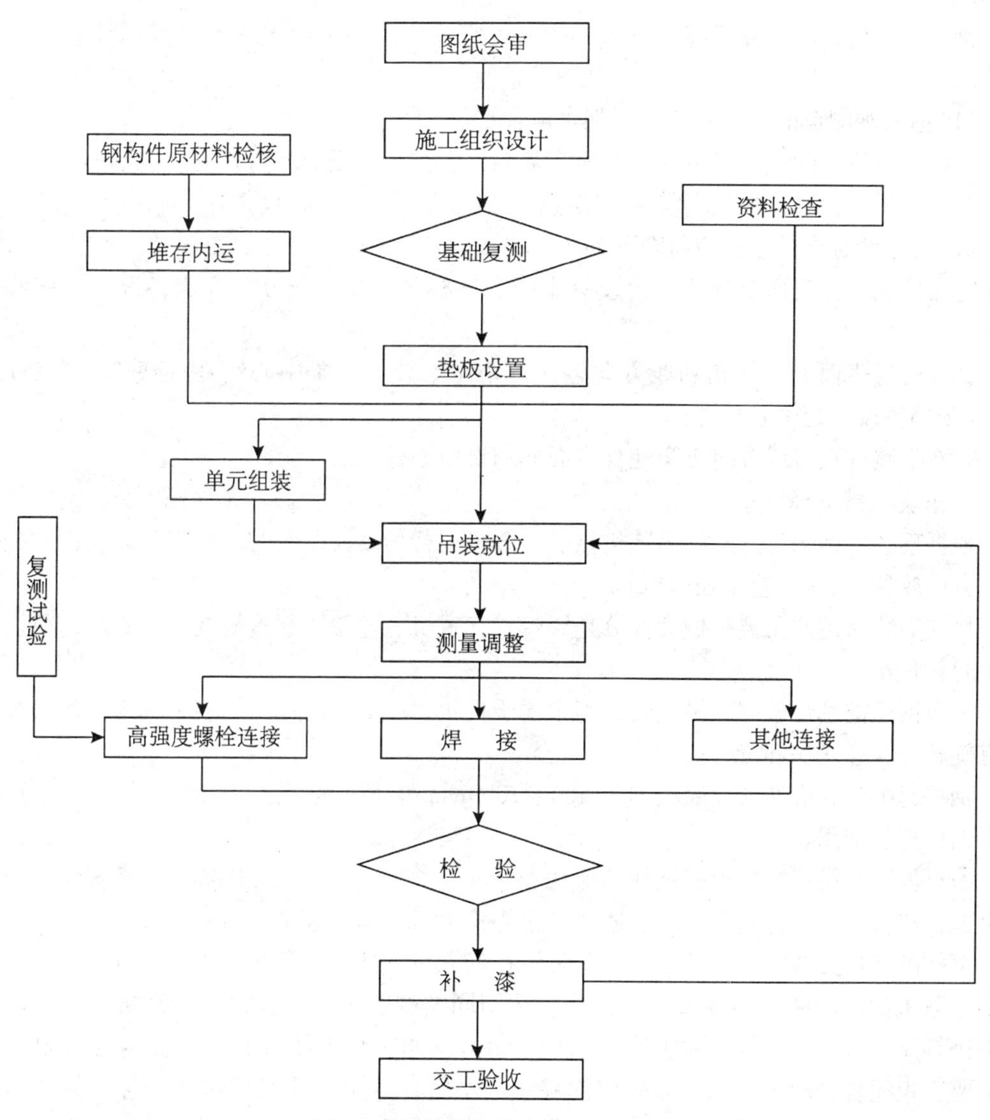

图 6.1　钢结构主体安装工艺流程图

2. 构件吊装顺序

(1)并列高低跨的屋盖吊装：必须先安装高跨，后安装低跨，有利于控制高、低跨钢屋盖的垂直度。

(2)并列大跨度与小跨度安装：必须先安装大跨度，后安装小跨度。

(3)并列间数多的与间数少的安装：应先吊装间数多的，后吊装间数少的。

(4)构件吊装可分为竖向构件吊装(柱、连系梁、柱间支撑、吊车梁、托架、副桁架等)和平面构件吊装(屋架、屋盖支撑、桁架、屋面压型板、制动桁架、挡风桁架等)两大类，在大部分施工情况下，应先吊装竖向构件(单件流水法吊装)，后吊装平面构件(节间综合法安装，即吊车一次吊完一个节间的全部屋盖构件后再吊装下一节间的屋盖构件)。

3. 钢柱安装与校正

1)放线

钢柱安装前，应设置标高观测点和中心线标志，同一工程观测点和标志设置位置应一致。

(1)标高观测点的设置应符合下列规定：

①标高观测点的设置以牛腿支撑面为基准，设在柱的便于观测处；

②无牛腿柱，应以柱顶端与屋面梁连接的最上首个安装孔为基准；

(2)中心线标志的设置应符合下列规定：

①在柱底板上表面上行线方向设一个中心线标志，在列线方向两侧各设一个中心线标志。

②在柱身表面上行线和列线方向各设一个中心线，每条中心线在柱底部、中部(牛腿)和顶部各设一处中心标志；

③双牛腿柱在行线方向 2 个柱身表面分别设中心标志。

2)吊装机械选择

根据现场实际构件选择好吊装机械后，方可进行吊装。吊装时，要将安装的钢柱按位置、方向放到吊装(起重半径)位置。

目前安装所用的吊装机械大部分是履带式起重机、轮胎式起重机及轨道式起重机。

3)钢柱吊装

一般钢柱的刚性较好，吊装时，为了便于校正，一般采用一点吊装，其常用的吊装方法有旋转法、递送法和滑行法。

钢柱起吊前，应在从柱底板向上 500 ~ 1000mm 处画一水平线，以便安装固定前后复查平面标高基准用。

吊点位置及吊点数应根据钢柱的形状、断面、长度、起重机性能等具体情况确定。吊点设置在柱顶处，柱身竖直，吊点通过柱重心位置，以易于起吊、对线、校正。

钢柱吊装施工中，为了防止钢柱根部在起吊过程中变形，一般采取双机抬吊(图 6.2)，双机抬吊应注意的事项有：①尽量选用同类型起重机；②根据起重机能力，对起吊点进行荷载分配；③各起重机的荷载不宜超过其相应起重能力的 80%；④在操作过程中，要互相配合，动作协调，如采用铁扁担起吊时，尽量使铁扁担保持平衡，倾斜角度小，以防一台起重机失重而使另一台起重机超载，造成安全事故；⑤信号指挥，分指挥必须听从总指挥。

主机吊在钢柱上部，辅机吊在钢柱根部，待柱子根部离地一定距离(约 2m)后，辅机停止起钩，主机继续起钩和回转，直至把柱子吊直后，辅机松钩。为了保证吊装时索具安全，吊装钢柱时，应设置吊耳，吊耳应基本通过钢柱中心的铅垂线。

钢柱安装属于竖向垂直吊装，为使吊起的钢柱保持下垂，便于就位，需根据钢柱的种类和高度确定绑扎点。有牛腿的钢柱，绑扎点应靠牛腿下部；无牛腿的钢柱，按其高度比例，绑扎点应设在钢柱全长2/3的上方位置处，防止钢柱边缘的锐利棱角在吊装时损伤吊绳，应用适宜规格的钢管割开一条缝，套在棱角吊绳处，或用方形木条垫护，注意绑扎牢固并易拆除。

为避免吊起的钢柱自由摆动，应在柱底上部用麻绳绑好，作为牵制溜绳的调整方向。吊装前的准备工作就绪后，首先进行试吊，当吊起的一端高度为100～200mm时停吊，检查索具牢固和吊车稳定板位于安装基础时，可指挥吊车缓慢下降，当柱底距离基础位置40～100mm时，调整柱底与基础两基准线达到标准位置，指挥吊车下降就位，并拧紧全部基础螺栓螺母；临时将柱子加固，安全时方可摘除吊钩。

如果进行多排钢柱安装，可继续按上述方法吊装其余所有的柱子，以及钢柱吊装调整与就位。

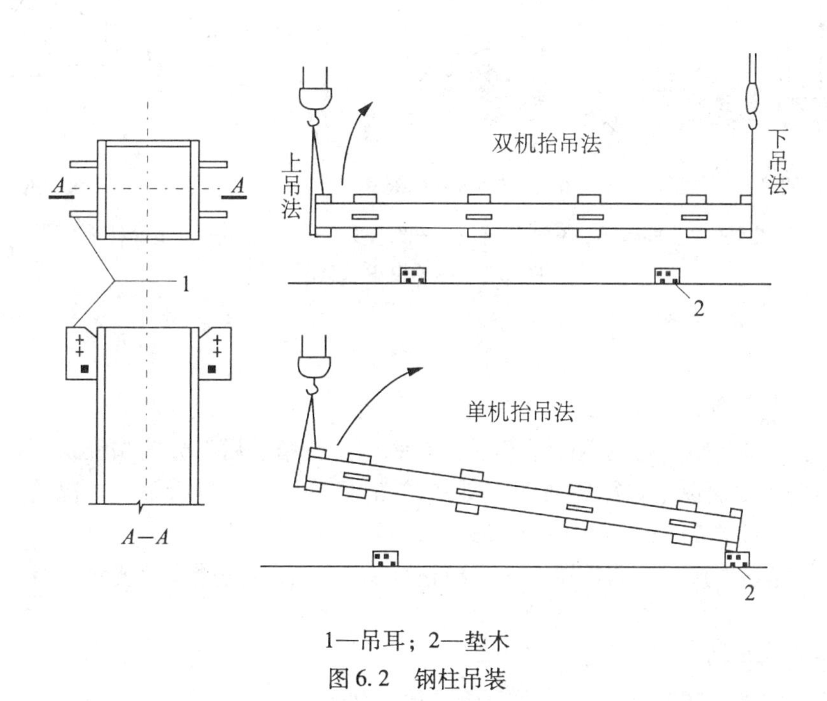

1—吊耳；2—垫木

图6.2　钢柱吊装

4）钢柱校正

钢柱校正工作一般包括柱基标高校正、平面位置校正和垂直度校正这三个内容。钢柱校正工作主要是校正垂直度和标高。

（1）柱基标高校正。根据钢柱实际长度、柱底平整度和钢牛腿顶部距柱底部距离来进行调整，重点要保证钢牛腿顶部标高值，以此来控制基础找平标高。

（2）平面位置校正。在起重机不脱钩的情况下，将柱底定位线与基础定位轴线对准，缓慢落至标高位置。

（3）钢柱垂直度校正。一种方法是利用焊接收缩来调整钢柱垂偏，这是钢柱安装中经常使用的方法。安装时，钢柱就位，钢柱柱底中心线对准预埋件的中心线，钢板中心线可以在未焊前向焊接收缩方向预留一定值，通过焊接收缩，使钢柱达到预先控制的垂直度。另一种方法是利用经纬仪进行校正。钢柱就位时，柱中心线对齐柱基中心线，准备好垫片，用螺母初拧，此时可以放松吊车钢丝绳。用两台经纬仪从纵横轴线观察钢柱中心线校正钢柱垂直度，直至钢柱竖直(图 6.3)。拧紧钢柱地脚螺栓。先用钢板尺检查底板中心线与基础中心线是否重合，误差不应大于 3mm，超过误差范围，则应重新调整。用经纬仪后视柱脚中心线，然后仰视柱顶中心线，观察偏差大小，通过敲打柱脚垫铁、松紧柱脚地脚螺栓来调整误差，误差控制在 5mm 以内，拉紧缆风绳。依据吊车开行路线，吊装其他钢柱。

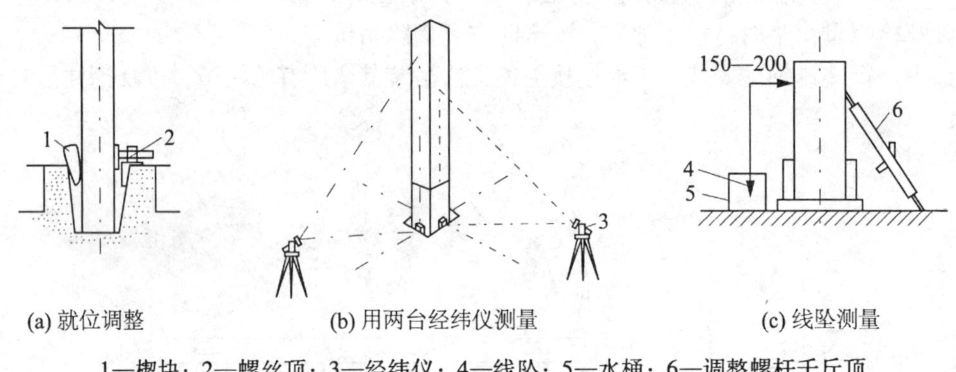

(a) 就位调整 (b) 用两台经纬仪测量 (c) 线坠测量

1—楔块；2—螺丝顶；3—经纬仪；4—线坠；5—水桶；6—调整螺杆千斤顶

图 6.3 柱子校正示意图

5) 钢柱的固定

根据柱脚与基础的连接方式，主要有以下两种：

(1) 采用杯口基础。先用钢(木)楔子固定钢柱，待精校后，分两次浇筑杯口砼。第一次浇筑砼至楔子底面以下。待砼强度达到 100% 时松开楔子，进行第二次浇筑，将砼浇筑至杯口。当第二次浇筑的砼强度达到 75% 时，可以松开缆风绳。

(2) 采用螺栓连接。先利用调节螺母校正好钢柱，然后按照设计要求进行支模，进行砼浇筑。

6) 钢柱安装验收

根据 GB50205—2001 的规定，单层钢结构中柱子安装的允许偏差见表 6.1。检查数量按钢柱数抽查 10%，且应不少于 3 件。

表 6.1 **单层钢结构中柱子安装的允许偏差** (单位：mm)

项 目	允许偏差	图 例	检验方法
柱脚底座中心线对定位轴线的偏移	5.0	Δ Δ Δ Δ	用吊线和钢尺检查

续表

项目			允许偏差	图例	检验方法
柱基准点标高	有吊车梁的柱		+3.0 -5.0		用水准仪检查
	无吊车梁的柱		+5.0 -8.0		
弯曲矢高			H/1200，且不应大于 15.0		用经纬仪或拉线和钢尺检查
柱轴线垂直度	单层柱	H≤10m	H/1000		用经纬仪或吊线和钢尺检查
		H>10m	H/1000，且不应大于 25.0		
	多节柱	单节柱	H/1000，且不应大于 10.0		
		柱全高	35.0		

4. 吊车梁安装与校正

1）钢吊车梁吊装

（1）钢吊车梁吊装一般采用工具式吊耳（图 6.4）或捆绑法进行吊装。所用起重机械常为自行式起重机，以履带式起重机为主。

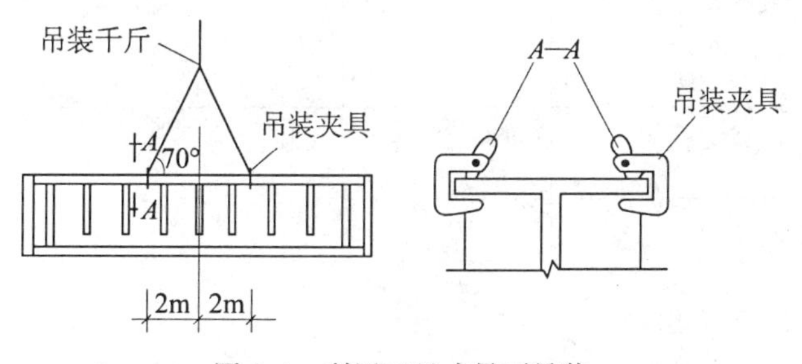

图 6.4　利用工具式吊耳吊装

（2）安装前，应将吊车梁的分中标记引至吊车梁的端头，以利于吊装时按柱牛腿临时定位。

2）定位和临时固定

钢梁吊装在柱子复核完成后进行，钢梁吊装时，采用两点对称绑扎起吊就位安装。钢梁起吊后距柱基准面 100mm 时，徐徐就位，待钢梁吊装就位后进行对接调整校正，然后固定连接。钢梁吊装时，随吊随用经纬仪校正，有偏差随时纠正。

3)钢吊车梁的校正

钢吊车梁的校正包括标高调整、纵横轴线和垂直度的调整。注意钢吊车梁的校正必须在结构形成刚度单元以后才能进行。

(1)标高调整。当一跨内两排吊车梁吊装完毕后，用一台水准仪(精度为±3mm/km)在梁上或专门搭设的平台上，测量每根梁两端的标高，计算标准值。通过增加垫板的措施进行调整，达到规范要求。

(2)纵横轴线校正。

①用经纬仪将柱子轴线投到吊车梁牛腿面等高处，依据图纸计算出吊车梁中心线到该轴线的理论长度 L_1。

②每根吊车梁测出两点，用钢尺和弹簧秤校核此两点到柱子轴线的距离 L_2，看 L_2 是否等于 L_1，以此对吊车梁纵轴进行校正。

③当吊车梁纵横轴线误差符合要求后，用钢尺和弹簧秤复查吊车梁跨度。

(3)吊车梁的垂直度校正。可通过对钢垫板的调整来实现。同时，应注意吊车梁的垂直度的校正应和吊车梁轴线的校正同时进行。

4)最后固定

吊车梁校正完毕后应立即将吊车梁与柱牛腿上的埋设件焊接固定。

5)吊车梁安装验收

吊车梁安装的允许偏差，见表6.2。

表6.2 **吊车梁安装的允许偏差** （单位：mm）

<table>
<tr><th colspan="2">项　目</th><th>允许偏差</th><th>图　例</th><th>检验方法</th></tr>
<tr><td colspan="2">梁的跨中垂直度 Δ</td><td>$h/500$</td><td>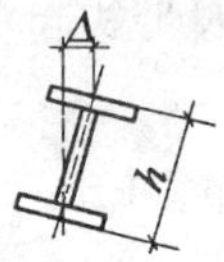</td><td>用吊线和钢尺检查</td></tr>
<tr><td colspan="2">侧向弯曲矢高</td><td>$l/1500$，且不应大于10.0</td><td rowspan="2"></td><td rowspan="4">用拉线和钢尺检查</td></tr>
<tr><td colspan="2">垂直上拱矢高</td><td>10.0</td></tr>
<tr><td rowspan="2">两端支座中心位移 Δ</td><td>安装在钢柱上时，对牛腿中心的偏移</td><td>5.0</td><td rowspan="2">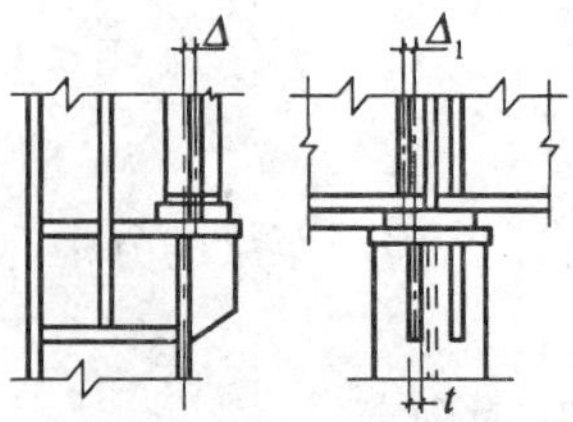</td></tr>
<tr><td>安装在混凝土柱上时，对定位轴线的偏移</td><td>5.0</td></tr>
<tr><td colspan="2">吊车梁支座加劲板中心与柱子承压加劲板中心的偏移 Δ_1</td><td>$t/2$</td><td>用吊线和钢尺检查</td><td>用吊线和钢尺检查</td></tr>
</table>

续表

项目		允许偏差	图例	检验方法
同跨间内同一横截面吊车梁顶面高差Δ	支座处	10.0		用经纬仪、水准仪和钢尺检查
	其他处	15.0		
同跨间内同一横截面下挂式吊车梁底面高差Δ		10.0		
同列相邻两柱间吊车梁顶面高差Δ		$l/1500$ 且不应大于10.0		用水准仪和钢尺检查
相邻两吊车梁接头部位Δ	中心错位	3.0		用钢尺检查
	上承式顶面高差	1.0		
	下承式底面高差	1.0		
同跨间任一截面的吊车梁中心跨距Δ		±10.0		用经纬仪和光电测距仪检查；跨度小时，可用钢尺检查
轨道中心对吊车梁腹板轴线的偏移Δ		$t/2$		用吊线和钢尺检查

5. 钢屋架安装

1）钢屋架吊装

钢屋架侧向刚度较差，安装前需要进行强度验算，强度不足时应进行加固。钢屋架吊装示意图如图6.5所示，钢屋架吊装时的注意事项：

（1）绑扎时必须绑扎在屋架节点上，以防止钢屋架在吊点处发生变形。绑扎节点的选择应符合钢屋架标准图集要求或经设计计算确定。

（2）屋架吊装就位时应以屋架下弦两端的定位标记和柱顶的轴线标记严格定位并点焊加以临时固定。

（3）第一榀屋架吊装就位后，应在屋架上弦两侧对称设缆风绳固定，第二榀屋架就位

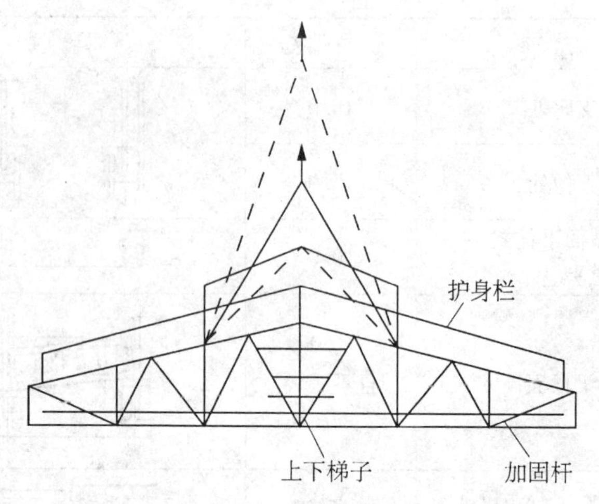

图6.5 钢屋架吊装示意图

后，每个坡面用一个屋架间隙调整器，进行屋架垂直度校正，再固定两端支座处并安装屋架间水平及垂直支撑，检查无误后，成为样板跨，以此类推继续安装。

2)钢屋架垂直度的校正

钢屋架的垂直度的校正方法有以下两种：①在屋架下弦一侧拉一根通长钢丝(与屋架下弦轴线平行)，同时在屋架上弦中心线放出一个同等距离的标尺，用线锤校正垂直度；②用一台经纬仪放在柱顶一侧，将轴线平移口距离，在对面柱顶上设同样有一距离为口的点，从屋架中线处用标尺挑出口距离，三点在一个垂面上即可使屋架垂直(图6.6)。

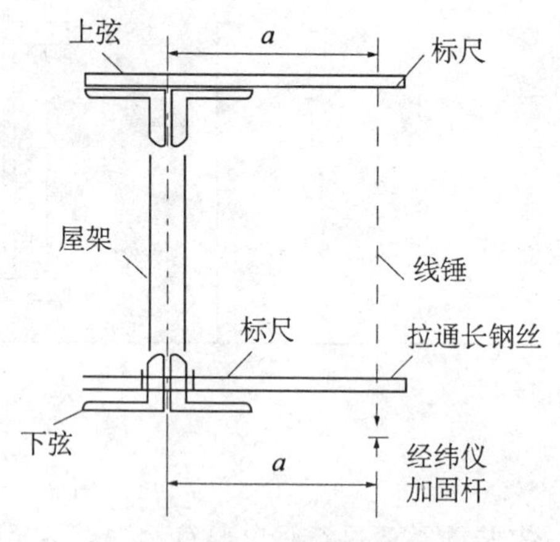

图6.6 钢屋架垂直度校正示意图

3)安装验收

根据GB50205—2001的规定，钢屋架、桁架、梁及受压件垂直度和侧向弯曲矢高的允许偏差，表6.3为钢屋(托)架、桁架、梁及受压杆件的垂直度和侧向弯曲矢高的允许偏差(mm)。

表 6.3

项　目		允许偏差	图　例
跨中的垂直度	$h/250$，且不应大于 15.0		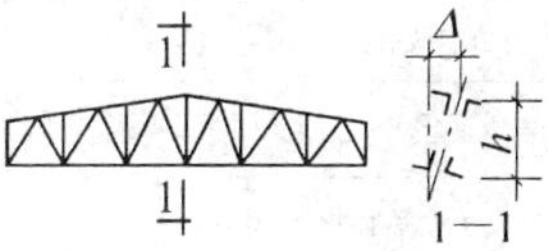
侧向弯曲矢高 f	$l\leqslant30\text{m}$	$l/1000$，且不应大于 10.0	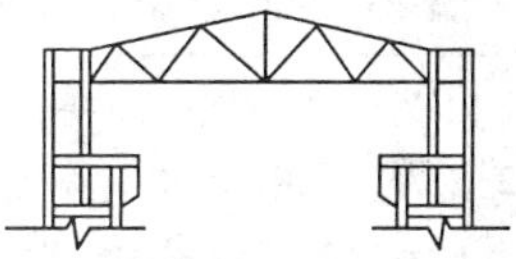
	$30\text{m}<l\leqslant60\text{m}$	$l/1000$，且不应大于 30.0	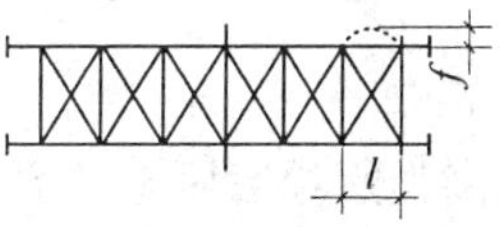
	$l>60\text{m}$	$l/1000$，且不应大于 50.0	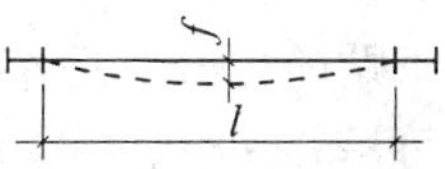

6. 檩条与墙架的安装与校正

1) 吊装方法

檩条与墙架等构件，其单位截面较小，重量较轻，为发挥起重机效率，多采用一钩多吊或成片吊装方法吊装。对于不能进行平行拼装的拉杆和墙架、横梁等，可根据其架设位置，用长度不等的绳索进行一钩多吊，为防止变形，可用木杆加固。

(1) 檩条当中的拉条可采用圆钢，也可采用角钢，圆钢拉条在安装时应配合屋脊、檐口处的斜拉条、撑杆，通过端部螺母调节使之适度张紧。

(2) 墙架在竖向平面内刚度很弱，宜考虑采用临时木撑使在安装中保持墙架的平直，尤其是兼做窗台的墙梁，一旦下挠，极易产生积水渗透现象。

2) 校正

檩条、拉杆、墙架的校正，主要是尺寸和自身平直度。间距检查可用样杆顺着檩条或墙架之间来回移动检验，如有误差，可放松或扭紧檩条墙架杆件之间的螺栓进行校正。平直度用拉线和长靠尺或钢尺检查，校正后，用电焊或螺栓最后固定。

3) 允许偏差

檩条和墙架的安装允许偏差见表 6.4。

表 6.4　**墙架、檩条等次要构件安装的允许偏差**　（单位：mm）

项　目		允许偏差	检验方法
墙架立柱	中心线对定位轴线的偏移	10.0	用钢尺检查
	垂直度	$H/1000$，且不应大于 10.0	用经纬仪或吊线和钢尺检查
	弯曲矢高	$H/1000$，且不应大于 15.0	用经纬仪或吊线和钢尺检查

续表

项　目	允许偏差	检验方法
抗风桁架的垂直度	H/250，且不应大于15.0	用吊线和钢尺检查
檩条、墙梁的间距	±5.0	用钢尺检查
檩条的弯曲矢高	L/750，且不应大于12.0	用拉线和钢尺检查
墙梁的弯曲矢高	L/750，且不应大于10.0	用拉线和钢尺检查

注：1. H 为墙架立柱的高度；
2. h 为抗风桁架的高度；
3. L 为檩条或墙梁的长度。

7. 高强螺栓安装

1)高强螺栓紧固工艺方法

安装时的检查：结构吊装前要对摩擦面进行清理，用钢丝刷清除浮锈，用砂轮机清除影响层间密贴的孔边、板边毛刺、卷边、切割瘤等。遇有油漆、油污粘染的摩擦面要严格清除后方可吊装。组装时，应用钢钎、冲子等校正孔位，首先用约占1/3螺栓数量的安装螺栓进行拼装，待结构调整就位以后穿入高强螺栓，并用扳手适当拧紧，再用高强螺栓逐个替换安装螺栓。安装时，高强螺栓应能自由穿入孔内。遇到不能自由穿入时应用绞刀修孔，但禁止用以下办法：

(1)用高强螺栓代替安装螺栓。

(2)用冲子校正孔位边穿入高强螺栓。

(3)用氧气—乙炔焰切割修孔、扩孔。

(4)高强螺栓在栓孔内受剪。

2)高强螺栓连接副的正确组装

高强螺栓连接副组装必须正确；螺母带承台面的一侧应朝向垫圈有倒角的一侧；螺栓头下垫圈有倒角的一侧应朝向螺栓头。高强螺栓紧固包括：初拧、复拧、终拧。

初拧：初拧紧固轴力为标准轴力的60%，利用带扭矩值的电动扳手进行。

复拧：如果高强螺栓节点较大且钢板较厚，需要增加复拧程序，复拧扭矩与初拧扭矩相同。初拧、复拧后用颜色在螺母上标记。

终拧：终拧后高强螺栓的紧固轴力为标准的90%，利用电动扭矩扳手或专业扳手进行。

3)高强螺栓的紧固顺序

高强螺栓的紧固顺序由螺栓群中心向四周扩散方向进行，以避免拼接钢板中间起鼓而不能密贴，从而失去部分摩擦力作用。接触面间隙处理，为防止因板厚公差、制作偏差等原因产生的连接面板间不能紧密贴实而产生接触面间隙，按相关规定处理。

4)保证高强螺栓施工质量的措施

(1)高强螺栓上、下传递使用工具袋，严禁抛扔。

(2)更换过的高强螺栓应专门隔离保管，不得再使用。高强螺栓连接副应在同一批内配套使用。螺栓、螺母和垫圈只允许在本箱内互相配套，不同箱不允许互相混合。

(3)高强螺栓连接副应按包装箱上注明的规格分类保管存放在室内仓库中，地面应防潮，防止生锈和沾染肮脏物，堆放不宜高过1m。

(4)工地安装时，应按当天需要的高强螺栓连接副的使用数量领取。当天安装的必须妥善保管，不得乱扔、乱放，高强螺栓连接副在安装过程中，不得碰伤螺纹及沾染脏物。

(5)不得使用高强螺栓兼做临时螺栓。

(6)安装高强螺栓时，构件的摩擦面应保持干燥，不得在雨中作业。

(7)当天安装的高强螺栓，当天必须终拧完毕。

(8)初拧扳手，可用电动也可用手动带响扳手。无论使用哪一种扳手，施工前必须对扳手进行标定，以便控制初拧扭矩值。手动扳手作为终拧工具时，必须每班进行标定，并做好标定记录。

8. 主体构件安装完毕后应做的资料备份

1)工程吊装资料

(1)安装所采用的所有附材的质保书、合格证。

(2)现场检测记录和安装质量评定资料。

(3)构件安装后，涂装检测资料。

(4)施工日志及备忘录。

2)测量资料

钢柱的垂直度、柱距、跨度及柱顶高差、钢梁的水平度、轴线位移偏差。

6.2.2　围护结构安装

彩钢板安装是一项集细部设计、生产制作、运输及安装等为一体的一揽子工程，各分部分项工程的施工工艺与方法，是保证整个工程优质、安全、高速建成的关键。压型钢板的安装应在钢结构安装质量检验合格并办理结构验收手续后进行。

1. 屋面板安装

(1)首先检查钢结构檩条是否符合安装要求，然后根据面板的排版图画线，安装面板，面板与檩条采用自攻螺钉连接。

(2)在屋面板安装时，测量好长度，然后吊上屋面进行安装。

(3)屋面板垂直运输用绳索完成。

(4)泛水板、檐口板、保温棉均应按设计图纸要求，泛水板搭接长度不小于100mm。

2. 墙面板的安装

(1)墙面安装应在屋面檐沟安装前进行，墙面板吊运宜采用专用吊夹具。

(2)第一块墙面板的安装以山墙阳角线为基准，采用经纬仪或吊线锤的方法定出基准线。

(3)墙面板的安装，应先将板的上下两端用螺丝作临时定位，当一组(约10块)板铺设并调整完成后，将与墙檩的连接螺钉全部固定。

(4)墙面板与墙檩的连结螺栓位置应预先拉线画记号，与墙檩方向保持水平并均匀布置。

(5)安装板长向搭接的墙面板，顺序应由下向上，墙面板长向搭接应设置于墙檩处，内层板搭接长度为80~100mm，外层板搭接长度为120mm，搭接处可不打密封胶。

(6)墙面板的安装应定段(约一间)检测，使用经纬仪或利用柱中线吊线锤的方法，测定墙面板的垂直度。

(7)山墙的压型板，应按屋面坡度先选取截面不同长度的板，再进行安装。山墙檐口包角处，必要时应加设封头。

(8)山墙包角的安装从檐口开始逐步向屋脊方向施工，并应在屋面、墙面铺设完后安装。

(9)阳角板与阴角板的安装，应自下而上进行，与墙板连接采用拉铆钉，其间距按技术要求。

(10)墙面门、窗安装顺序，应先装顶部泛水，再装两侧泛水，安装时可利用墙檩或门、窗框固定。若与压型板相连，可以用拉铆钉连接。墙面开口部位的泛水板，上口应安装在墙面板外侧。墙面板、泛水板用自攻螺丝一起固定在墙檩上。

(11)泛水板之间的连接必须涂敷密封胶，墙面因施工安装误差错打的螺钉孔，必须修补完整。

(12)面板安装完后，应认真进行检查；未达到标准要求时，要及耐进行处理，并将墙面的表面擦洗干净。

6.2.3 防腐、防火涂料施工

1. 防腐涂装

防腐涂装工作应在除锈等级检查评定符合设计文件要求后进行。

涂料可分为底漆与面漆两大类，有的涂料既可作底漆也可作面漆。一般底漆含粉粒多，基料少，成膜粗糙，与钢材表面的粘附着力强，与面漆结合性好；而面漆中含粉粒少，基料多，成膜后有光泽，主要功能是保护下层底漆，使大气中的有害气体和水汽不能进入底漆，且能抵抗风化而引起的物理和化学的分解作用。目前广泛应用合成树脂来提高涂料的抗风化作用。涂料的种类很多，性能和用途也各有差异，在选择涂料时应考虑适应性、经济性和施工条件等因素。

涂装的方法有多种，而且还在不断地发展，每一种方法，都有各自的特点、适用的涂料和范围。钢结构工程涂装施工可采用刷涂、滚涂、空气喷涂、高压无气喷涂等方法(表6.5)。

表6.5 常用涂料的施工方法

施工方法	适用涂料的特性			被涂物	使用工具或设备	优点	缺点
	干燥速度	黏度	品种				
刷涂法	干性较慢	塑性小	油性漆 酚醛漆 醇酸漆等	一般构件及建筑物，各种设备和管道等	各种毛刷	投资少，施工方法简单，适于各种形状及大小面积的涂装	装饰性较差，施工效率低

续表

施工方法	适用涂料的特性			被涂物	使用工具或设备	优点	缺点
	干燥速度	黏度	品种				
手工滚涂法	干性较慢	塑性小	油性漆 酚醛漆 醇酸漆等	一般大型平面的构件和管道等	滚刷	投资少、施工方法简单，适用大面积的涂装	同刷涂法
浸涂法	干性适当，流平性好，干燥速度适中	触变性好	各种合成树脂涂料	小型零件、设备和机械部件	浸漆槽、离心及真空设备	设备投资少，施工方法简单，涂料损失少，适用于构造复杂构件	流平性不太好，有流挂现象，溶剂易挥发
空气喷涂法	挥发和干燥适宜	黏度小	各种硝基漆、橡胶漆、建筑乙烯漆、聚氨酯漆等	各种大型构件及设备和管道	喷枪、空气压缩机、油水分离器等	设备投资较小，施工方法较复杂，施工效率较刷涂法高	消耗溶剂量大，污染施工现场，易引起火灾
无气喷涂法	具有高沸点溶剂的涂料	高不挥发，触变性	厚浆型涂料和高不挥发性涂料	各种大型钢结构、桥梁、管道、车辆和船舶	高压无气喷枪、空气压缩机等	效率高，获得涂层均匀	设备投资大，施工方法复杂，材损耗多，装饰性较差

注：本表摘自宝钢指挥部施工技术处编制的《钢结构涂装手册》。

刷涂方法是以刷子用手工涂漆的一种方法，刷涂时应按下列要点操作：

(1)干燥较慢的涂料，应按涂敷、抹平和修饰三道工序操作；

(2)对于干燥较快的涂料，应从被涂物的一边按一定顺序，快速、连续地刷平和修饰，不宜反复涂刷；

(3)刷涂垂直表面时，最后一次应按光线照射方向进行；

(4)漆膜的刷涂厚度应均匀适中，防止流挂、起皱和漏涂。

滚涂方法是用辊子涂装的一种方法，适于一定品种的涂料，刷涂时应按下列要点操作：

(1)先将涂料大致地涂布于被涂物表面，接着将涂料均匀地分布开，最后让辊子按一定的方向滚动，滚平表面并修饰；

(2)在滚涂时，初始用力要轻，以防止涂料流落，随后逐渐用力，使涂层均匀。

空气喷涂法是以压缩空气的气流使涂料雾化成雾状，喷涂于被涂物表面上的一种涂装方法，喷涂时应按以下要点操作：

(1)喷涂“施工黏度”按有关规定执行；

(2)喷枪压力 0.3 ~ 0.5MPa；

(3)喷嘴与物面的距离大型喷枪为 20 ~ 30cm，小型喷枪为 15 ~ 25cm；

(4)喷枪应依次保持与物面垂直或平行地运行，移动速度为 30 ~ 60m/s，操作要稳定；

(5)每行涂层边缘的搭接宽度应保持一致，前后搭接宽度一般为喷涂幅度的1/4～1/3；

(6)多层次喷涂时，各层应纵横交叉施工，第1层横向施工，第2层则要纵向施工；

(7)喷枪使用后应立即用溶剂清洗干净。

高压无气喷涂法是利用密闭器内的高压泵输送涂料，当涂料从喷嘴喷出时，产生体积骤然膨胀而分散雾化，高速地喷涂在物面上，喷吐时应按下列要点操作：

(1)喷涂施工黏度按有关规定执行；

(2)喷嘴与物面的距离32～38mm；

(3)喷流的喷射角度为30°～60°；

(4)喷射大面积物件为30～40cm，较大面积物件为20～30cm，较小面积物件为15～25cm；

(5)喷枪的移动速度60～100cm/s；

(6)每行涂层的搭接边应为涂层幅宽的1/6～1/5。

钢结构的防腐涂装应注意以下问题：

(1)施工前对涂料品种、规格、性能等进行检查，应符合设计要求；

(2)当有雨、雾、雪和较大灰尘的天气条件下，不得户外作业；

(3)设计文件注明不涂装的部位，如高强螺栓连接摩擦面等不得涂装；现场安装焊缝处应留出30～50mm暂不涂装，待安装焊缝焊完后补涂；

(4)涂料的配制应按涂料说明书规定执行，当天使用的涂料当天配置，不得随意添加稀释剂；

(5)涂料、涂装遍数、涂层厚度均应符合设计要求，当设计对涂层厚度无要求时，涂层干漆膜总厚度：室外应为150μm，室内应为125μm，其允许偏差为-25μm，每遍涂层干漆膜厚度的允许偏差为-5μm；

(6)涂装应均匀，底漆、中间漆不允许有针孔、气泡、裂纹、脱皮、流挂、返锈、误涂、漏涂等缺陷，无明显起皱，附着良好；

(7)除锈后的金属表面与涂装底漆的时间间隔不应超过6h；涂层与涂层之间的时间间隔，由于各种油漆的表干时间不同，应以先涂装的涂层达到表干后才可进行下一层的涂装；

(8)涂装完毕后，应在构件上标注构件编号及定位标记；

(9)与混凝土接触或埋入其中的部件、安装的加工面、钢管的内表面、不锈钢表面、钢衬套等，均不需涂装。

2. 防火涂装

1)钢结构的耐火极限要求与保护的必要性

钢材虽不是燃烧体，但却是热的良导体，普通建筑结构用钢的热导率是67.63W/(m·K)，未加防护的钢结构在火灾温度的作用下，钢材的力学性能诸如屈服强度、抗压强度、弹性模量等都迅速下降，当温度达到600℃时，强度几乎为零。为满足规范的规定，必须加以防火保护。钢结构防火的目的就是在其表面提供一层绝热或吸热的材料，隔离火焰直接燃烧钢构件，阻止热量迅速传向钢材，推迟钢结构温度升高的时间，使之达到规范规定的耐火极限要求，以有利于安全疏散和消防灭火，避免和减轻人员与财产损失。

2）钢结构的防火技术

一般不加防火防护的钢结构构件耐火极限仅为 10～30min。为提高结构的耐火性能，需采取防火保护措施，使钢结构构件达到耐火极限要求，目前钢结构提高耐火性能的主要方法有：

（1）水冷却法：在钢结构内充水，使之与设于顶部的水箱相连，形成封闭冷却系统，使钢结构在火灾发生时保持在较低的温度；

（2）屏蔽法：将钢构件包藏在耐火材料组成的墙体或吊顶内，主要适用于屋盖系统的保护；

（3）水喷淋法：在结构顶部设喷淋供水管网，火灾发生时自动启动开始喷水，在构件表面形成一层连续流动的水膜；

（4）耐火轻质板材外包：采用纤维增强水泥板、硅酸钙板将钢构件包裹起来；

（5）涂刷防火涂料：用喷涂机具将防火涂料直接喷涂于构件表面，形成保护层；

（6）浇筑混凝土或砌筑耐火砖：采用混凝土或耐火砖完全封闭钢构件。

3. 涂装施工

1）基面清理

（1）建筑钢结构工程的油漆涂装前应先检查钢结构制作是否验收合格。

（2）油漆涂刷前，应采取适当的方法将需涂刷部位的铁锈、焊缝药皮、焊接飞溅物、油污尘土等杂物清理干净。

（3）为了保证涂装质量，采用自动喷丸除锈机进行抛丸除锈。抛丸除锈是目前国内比较先进的除锈工艺。该除锈方法是利用压缩空气的压力，连续不断地用钢丸冲击钢构件的表面，把钢材表面的氧化铁锈、油污等杂物彻底清理干净，露出金属钢材本色的一种除锈方法。这种方法除锈效果好。抛丸除锈结束后，应对钢结构进行清扫，以防止抛丸时残留弹丸的存在。

2）底漆涂装

调和防锈漆，控制油漆的黏度、稠度、稀度，兑制时充分搅拌，使油漆色泽、黏度均匀一致。

刷第一层底漆时，涂刷方向应该一致，接搓整齐。刷漆时采用勤黏短刷的原则，防止刷子带漆太多而流坠。待第一遍干燥后，再刷第二遍，第三遍刷涂方向与第一遍刷涂方向垂直，这样会使漆膜厚度均匀一致。

涂刷完毕后，在构件上按原编号标注，重大构件还需标重量、重心位置和定位编号。

3）面漆涂装

（1）建筑钢结构涂装底漆与面漆一般中间间隙时间较长。钢构件涂装防锈漆后送到工地去组装，组装结束后才统一涂装面漆。这样在涂装面漆前需对钢结构表面进行清理，清除安装焊缝焊药，对烧去或碰去漆的构件，还需要补漆。

（2）面漆的调制应选择颜色完全一致的面漆，兑制的稀料应合适，面漆使用前充分搅拌，保持色泽均匀，稠度应保证涂装时不流坠，不显刷纹。

（3）面漆在使用过程中还需不断搅和，涂刷的方法和方向与上述工艺相同。

4）涂层检查与验收

涂料、涂装遍数、涂层厚度均符合设计图纸及业主要求，表面涂装施工时和施工后，对涂装过的构件进行保护，防止飞扬尘土和其他杂物。涂装后，应该是涂层颜色一致，色泽鲜明，光亮不起皱皮，不起疙瘩。涂装应均匀，无明显起皱、流挂，附着应良好。涂料每层涂刷须在前一层涂料干燥后进行：涂装漆膜厚度的测定，用触点式漆膜测厚仪测定漆膜厚度，漆膜测厚仪一般测定三点厚度，取其平均值，涂层干漆膜总厚度不小于60um。

4. 应注意的质量问题

涂层作业气温应在5～38℃为宜，当气温低于5℃时，选用相应的低温材料施涂，当气温高于40℃时，停止涂层作业或经处理后再进行涂层作业。当空气湿度大于85%或构件表面有结露时，不进行涂层作业或经处理后再进行涂层作业。

钢结构制作前，注意构件隐蔽部位结构夹层等难以除锈的部位。

5. 检查及验收

直观检查：主要检查防灾涂料涂层是否均匀密实，是否有漏喷、空鼓、脱落现象，涂层表面是否平整。

数据检测：在喷涂装饰油漆前，采取插入法，主要检测施工厚度是否满足规定要求。

☞课后拓展

1. 通过图书馆、因特网查找目前我国常用的吊车类型及其参数，并绘制成图表，以便于以后查找。

2. 通过查阅其他资料，分别简述门式钢架结构、框架结构和网架结构的主要安装流程。

3. 通过因特网视频搜索，观看远大集团15天建起30层9级抗震高楼的过程。

附录一　钢材和连接的设计强度值

表 1　钢材的强度设计值　(单位：N/mm²)

钢材		抗拉、抗压和抗弯 f	抗剪 f_v	端面承压(刨平顶紧) f_{ce}
牌号	厚度或直径(mm)			
Q235 钢	≤16	215	125	325
	16~40	205	120	
	40~60	200	115	
	60~100	190	110	
Q345 钢	≤16	310	180	400
	16~35	295	170	
	35~50	265	155	
	50~100	250	145	
Q390 钢	≤16	350	205	415
	16~35	335	190	
	35~50	315	180	
	50~100	295	170	
Q420 钢	≤16	380	220	440
	16~35	360	210	
	35~50	340	195	
	50~100	325	185	

注：表中厚度系指计算点的钢材厚度，对轴心受拉和轴心受压构件是指截面中较厚板件的厚度。

表 2　钢铸件的强度设计值　(单位：N/mm²)

钢　号	抗拉、抗压和抗弯 f	抗剪 f_v	端面承压(刨平顶紧) f_{ce}
ZG200—400	155	90	260
ZG230—450	180	105	290
ZG270—500	210	120	325
ZG310—570	240	140	370

表 3　　**焊缝的强度设计值**　　（单位：N/mm²）

焊接方法和焊条型号	构件钢材		对接焊缝				角焊缝
	牌号	厚度或直径（mm）	抗压 f_c^w	焊缝质量为下列等级时，抗拉 f_t^w		抗剪 f_v^w	抗拉、抗压和抗剪 f_f^w
				一级、二级	三级		
自动焊、半自动焊和 E43 型焊条的手工焊	Q235 钢	≤16	215	215	185	125	160
		16～40	205	205	175	120	
		40～60	200	200	170	115	
		60～100	190	190	160	110	
自动焊、半自动焊和 E50 型焊条的手工焊	Q345 钢	≤16	310	310	265	180	200
		16～35	295	295	250	170	
		35～50	265	265	225	155	
		50～100	250	250	210	145	
自动焊、半自动焊和 E55 型焊条的手工焊	Q390 钢	≤16	350	350	300	205	220
		16～35	335	335	285	190	
		35～50	315	315	270	180	
		50～100	295	295	250	170	
	Q420 钢	≤16	380	380	320	220	220
		16～35	360	360	305	210	
		35～50	340	340	290	195	
		50～100	325	325	275	185	

注：1. 自动焊和半自动焊所采用的焊丝和焊剂，应保证其熔敷金属的力学性能不低于现行国家标准《埋弧焊用碳钢焊丝和焊剂》（GB/T 5293）和《低合金钢埋弧焊用焊剂》（GB/T 12470）中相关的规定。

2. 焊缝质量等级应符合现行国家标准《钢结构工程施工质量验收规范》（GB/T 50205）的规定，其中，厚度小于 8mm 钢材的对接焊缝，不应采用超声波探伤确定焊缝质量等级。

3. 对接焊缝在受压区的抗弯强度设计值取 f_c^w，在受拉区的抗弯强度设计值取 f_t^w。

4. 表中厚度系指计算点的钢材厚度，对轴心受拉和轴心受压构件是指截面中较厚板件的厚度。

表 4　　**螺栓连接的强度设计值**　　(单位：N/mm^2)

螺栓的钢材牌号（或性能等级）和构件钢材牌号		普通螺栓 C级螺栓 抗拉 f_t^b	普通螺栓 C级螺栓 抗剪 f_v^b	普通螺栓 C级螺栓 承压 f_c^b	普通螺栓 A级、B级螺栓 抗拉 f_t^b	普通螺栓 A级、B级螺栓 抗剪 f_v^b	普通螺栓 A级、B级螺栓 承压 f_c^b	锚栓 抗拉 f_t^b	承压型连接高强度螺栓 抗拉 f_t^b	承压型连接高强度螺栓 抗剪 f_v^b	承压型连接高强度螺栓 承压 f_c^b
普通螺栓	4.6级、4.8级	170	140	–	–	–	–	–	–	–	–
	5.6级	–	–	–	210	190	–	–	–	–	–
	8.8级	–	–	–	400	320	–	–	–	–	–
锚栓	Q235钢	–	–	–	–	–	–	140	–	–	–
	Q345钢	–	–	–	–	–	–	180	–	–	–
高强度螺栓	8.8级	–	–	–	–	–	–	–	400	250	–
	10.9级	–	–	–	–	–	–	–	500	310	–
构件	Q235钢	–	–	305	–	–	405	–	–	–	470
	Q345钢	–	–	385	–	–	510	–	–	–	590
	Q390钢	–	–	400	–	–	530	–	–	–	615
	Q420钢	–	–	425	–	–	560	–	–	–	655

注：1. A级螺栓用于 $d \leqslant 24$mm 和 $l \leqslant 10d$ 或 $l \leqslant 150$mm（按较小值）的螺栓；B级螺栓用于 $d > 24$mm、$l > 10d$ 或 $l > 150$mm（按较小值）的螺栓。d 为公称直径，l 为螺杆公称长度。

2. A、B级螺栓孔的精度和孔壁表面粗糙度，C级螺栓孔的允许偏差和孔壁表面粗糙度，均应符合现行国家表中《钢结构工程施工质量验收规范》（GB 50205）的要求。

表 5　　**铆钉连接的强度设计值**　　(单位：N/mm^2)

铆钉钢号和构件钢材牌号		抗拉（钉头拉托）f_t^r	抗剪 f_v^r Ⅰ类孔	抗剪 f_v^r Ⅱ类孔	承压 f_c^r Ⅰ类孔	承压 f_c^r Ⅱ类孔
铆钉	BL2或BL3	120	185	155	–	–
构件	Q235钢	–	–	–	450	365
	Q345钢	–	–	–	565	460
	Q390钢	–	–	–	590	480

表 6　　**普通螺栓规格及有效截面面积 A_e**　　(单位：mm^2)

公称直径(mm)	12	14	16	18	20	22	24	27	30
有效截面面积	0.84	1.15	1.57	1.92	2.45	3.03	3.53	4.59	5.61
公称直径(mm)	33	36	39	42	45	48	52	56	60
有效截面面积	6.94	8.17	9.76	11.2	13.1	14.7	17.6	20.3	23.6
公称直径(mm)	64	68	72	76	80	85	90	95	100
有效截面面积	26.8	30.6	34.6	38.9	43.4	49.5	55.9	62.7	70.0

附录二 常用热轧型钢规格表

表 1 普通工字钢

符号：h—高度；

b—宽度；

t_w—腹板厚度；

t—翼缘平均厚度；

I—惯性矩；

W—截面模量；

i—回转半径；

S_x—半截面的面积矩。

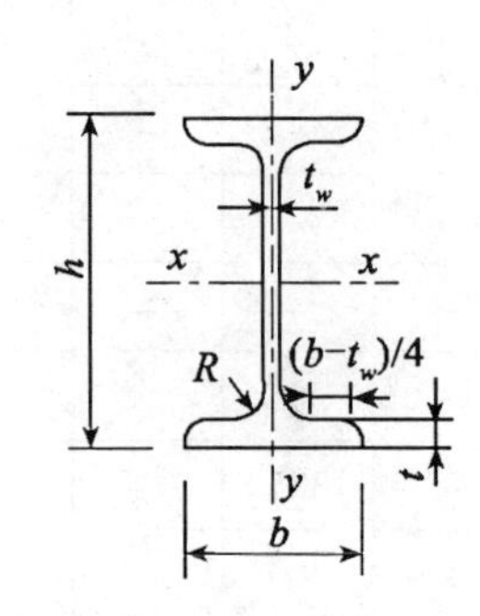

长度：

型号 10 ~ 18，长 5 ~ 19m；

型号 20 ~ 63，长 6 ~ 19m。

型号		尺寸(mm)					截面面积	理论重量	x-x 轴		y-y 轴				
		h	b	t_w	t	R	(cm²)	(kg/m)	I_x (cm⁴)	W_x (cm³)	i_x (cm)	I_x/S_x (cm)	I_y (cm⁴)	W_y (cm³)	I_y (cm)
10		100	68	4.5	7.6	6.5	14.3	11.2	245	49	4.14	8.69	33	9.6	1.51
12.6		126	74	5	8.4	7	18.1	14.2	488	77	5.19	11	47	12.7	1.61
14		140	80	5.5	9.1	7.5	21.5	16.9	712	102	5.75	12.2	64	16.1	1.73
16		160	88	6	9.9	8	26.1	20.5	1127	141	6.57	13.9	93	21.1	1.89
18		180	94	6.5	10.7	8.5	30.7	24.1	1699	185	7.37	15.4	123	26.2	2.00
20	a	200	100	7	11.4	9	35.5	27.9	2369	237	8.16	17.4	158	31.6	2.11
	b		102	9			39.5	31.1	2502	250	7.95	17.1	169	33.1	2.07
22	a	220	110	7.5	12.3	9.5	42.1	33	3406	310	8.99	19.2	226	41.1	2.32
	b		112	9.5			46.5	36.5	3583	326	8.78	18.9	240	42.9	2.27
25	a	250	116	8	13	10	48.5	38.1	5017	401	10.2	21.7	280	48.4	2.4
	b		118	10			53.5	42	5278	422	9.93	21.4	297	50.4	2.36
28	a	280	122	8.5	13.7	10.5	55.4	43.5	7115	508	11.3	24.3	344	56.4	2.49
	b		124	10.5			61	47.9	7481	534	11.1	24	364	58.7	2.44

续表

符号：h—高度；

b—宽度；

t_w—腹板厚度；

t—翼缘平均厚度；

I—惯性矩；

W—截面模量；

i—回转半径；

S_x—半截面的面积矩。

长度：

型号 10～18，长 5～19m；

型号 20～63，长 6～19m。

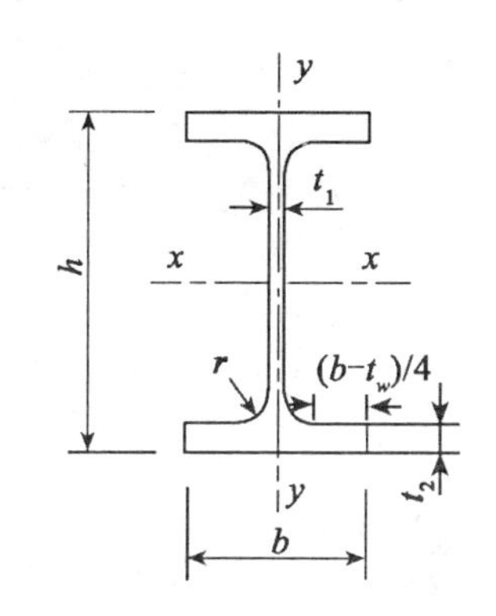

型号		尺寸(mm)					截面面积 (cm^2)	理论重量 (kg/m)	x-x 轴		y-y 轴				
		h	b	t_w	t	R			I_x (cm^4)	W_x (cm^3)	i_x (cm)	I_x/S_x (cm)	I_y (cm^4)	W_y (cm^3)	I_y (cm)
	a		130	9.5			67.1	52.7	11080	692	12.8	27.7	459	70.6	2.62
32	b	320	132	11.5	15	11.5	73.5	57.7	11626	727	12.6	27.3	484	73.3	2.57
	c		134	13.5			79.9	62.7	12173	761	12.3	26.9	510	76.1	2.53
	a		136	10			76.4	60	15796	878	14.4	31	555	81.6	2.69
36	b	360	138	12	15.8	12	83.6	65.6	16574	921	14.1	30.6	584	84.6	2.64
	c		140	14			90.8	71.3	17351	964	13.8	30.2	614	87.7	2.6
	a		142	10.5			86.1	67.6	21714	1086	15.9	34.4	660	92.9	2.77
40	b	400	144	12.5	16.5	12.5	94.1	73.8	22781	1139	15.6	33.9	693	96.2	2.71
	c		146	14.5			102	80.1	23847	1192	15.3	33.5	727	99.7	2.67
	a		150	11.5			102	80.4	32241	1433	17.7	38.5	855	114	2.89
45	b	450	152	13.5	18	13.5	111	87.4	33759	1500	17.4	38.1	895	118	2.84
	c		154	15.5			120	94.5	35278	1568	17.1	37.6	938	122	2.79
	a		158	12			119	93.6	46472	1859	19.7	42.9	1122	142	3.07
50	b	500	160	14	20	14	129	101	48556	1942	19.4	42.3	1171	146	3.01
	c		162	16			139	109	50639	2026	19.1	41.9	1224	151	2.96
	a		166	12.5			135	106	65576	2342	22	47.9	1366	165	3.18
56	b	560	168	14.5	21	14.5	147	115	68503	2447	21.6	47.3	1424	170	3.12
	c		170	16.5			158	124	71430	2551	21.3	46.8	1485	175	3.07
	a		176	13			155	122	94004	2984	24.7	53.8	1702	194	3.32
63	b	630	178	15	22	15	167	131	98171	3117	24.2	53.2	1771	199	3.25
	c		780	17			180	141	102339	3249	23.9	52.6	1842	205	3.2

表 2

H 型 钢

符号：h—高度；

b—宽度；

t_1—腹板厚度；

t_2—翼缘厚度；

I—惯性矩；

W—截面模量；

i—回转半径；

S_x—半截面的面积矩。

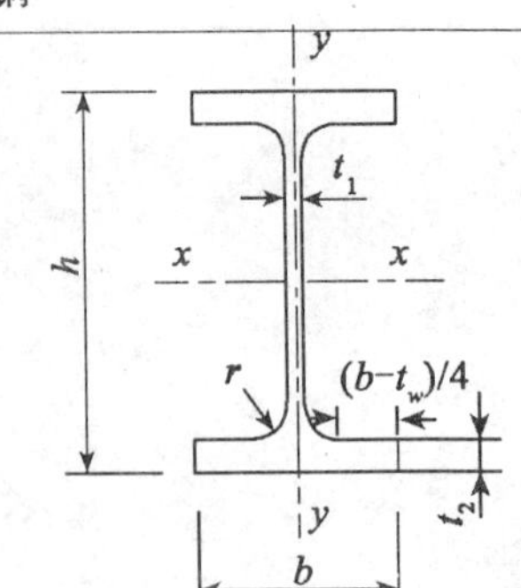

类别	H 型钢规格 ($h \times b \times t_1 \times t_2$)	截面积 A (cm^2)	质量 q (kg/m)	x-x 轴			y-y 轴		
				I_x (cm^4)	W_x (cm^3)	i_x (cm)	I_y (cm^4)	W_y (cm^3)	I_y (cm)
HW	100×100×6×8	21. 9	17. 22	383	76. 576. 5	4. 18	134	26. 7	2. 47
	125×125×6. 5×9	30. 31	23. 8	847	136	5. 29	294	47	3. 11
	150×150×7×10	40. 55	31. 9	1660	221	6. 39	564	75. 1	3. 73
	175×175×7. 5×11	51. 43	40. 3	2900	331	7. 5	984	112	4. 37
	200×200×8×12	64. 28	50. 5	4770	477	8. 61	1600	160	4. 99
	#200×204×12×12	72. 28	56. 7	5030	503	8. 35	1700	167	4. 85
	250×250×9×14	92. 18	72. 4	10800	867	10. 8	3650	292	6. 29
	#250×255×14×14	104. 7	82. 2	11500	919	10. 5	3880	304	6. 09
	#294×302×12×12	108. 3	85	17000	1160	12. 5	5520	365	7. 14
	300×300×10×15	120. 4	94. 5	20500	1370	13. 1	6760	450	7. 49
	300×305×15×15	135. 4	106	21600	1440	12. 6	7100	466	7. 24
	#344×348×10×16	146	115	33300	1940	15. 1	11200	646	8. 78
	350×350×12×19	173. 9	137	40300	2300	15. 2	13600	776	8. 84
	#388×402×15×15	179. 2	141	49200	2540	16. 6	16300	809	9. 52
	#394×398×11×18	187. 6	147	56400	2860	17. 3	18900	951	10
	400×400×13×21	219. 5	172	66900	3340	17. 5	22400	1120	10. 1
	#400×408×21×21	251. 5	197	71100	3560	16. 8	23800	1170	9. 73
	#414×405×18×28	296. 2	233	93000	4490	17. 7	31000	1530	10. 2
	#428×407×20×35	361. 4	284	119000	5580	18. 2	39400	1930	10. 4
HM	148×100×6×9	27. 25	21. 4	1040	140	6. 17	151	30. 2	2. 35
	194×150×6×9	39. 76	31. 2	2740	283	8. 3	508	67. 7	3. 57
	244×175×7×11	56. 24	44. 1	6120	502	10. 4	985	113	4. 18
	294×200×8×12	73. 03	57. 3	11400	779	12. 5	1600	160	4. 69
	340×250×9×14	101. 5	79. 7	21700	1280	14. 6	3650	292	6
	390×300×10×16	136. 7	107	38900	2000	16. 9	7210	481	7. 26
	440×300×11×18	157. 4	124	56100	2550	18. 9	8110	541	7. 18
	482×300×11×15	146. 4	115	60800	2520	20. 4	6770	451	6. 8
	488×300×11×18	164. 4	129	71400	2930	20. 8	8120	541	7. 03
	582×300×12×17	174. 5	137	103000	3530	24. 3	7670	511	6. 63
	588×300×12×20	192. 5	151	118000	4020	24. 8	9020	601	6. 85
	#594×302×14×23	222. 4	175	137000	4620	24. 9	10600	701	6. 9

续表

符号：h—高度；
b—宽度；
t_1—腹板厚度；
t_2—翼缘厚度；
I—惯性矩；
W—截面模量；
i—回转半径；
S_x—半截面的面积矩。

类别	H 型钢规格 ($h \times b \times t_1 \times t_2$)	截面积 A (cm^2)	质量 q (kg/m)	x-x 轴			y-y 轴		
				I_x (cm^4)	W_x (cm^3)	i_x (cm)	I_y (cm^4)	W_y (cm^3)	I_y (cm)
HN	100×50×5×7	12.16	9.54	192	38.5	3.98	14.9	5.96	1.11
	125×60×6×8	17.01	13.3	417	66.8	4.95	29.3	9.75	1.31
	150×75×5×7	18.16	14.3	679	90.6	6.12	49.6	13.2	1.65
	175×90×5×8	23.21	18.2	1220	140	7.26	97.6	21.7	2.05
	198×99×4.5×7	23.59	18.5	1610	163	8.27	114	23	2.2
	200×100×5.5×8	27.57	21.7	1880	188	8.25	134	26.8	2.21
	248×124×5×8	32.89	25.8	3560	287	10.4	255	41.1	2.78
	250×125×6×9	37.87	29.7	4080	326	10.4	294	47	2.79
	298×149×5.5×8	41.55	32.6	6460	433	12.4	443	59.4	3.26
	300×150×6.5×9	47.53	37.3	7350	490	12.4	508	67.7	3.27
	346×174×6×9	53.19	41.8	11200	649	14.5	792	91	3.86
	350×175×7×11	63.66	50	13700	782	14.7	985	113	3.93
	#400×150×8×13	71.12	55.8	18800	942	16.3	734	97.9	3.21
	396×199×7×11	72.16	56.7	20000	1010	16.7	1450	145	4.48
	400×200×8×13	84.12	66	23700	1190	16.8	1740	174	4.54
	#450×150×9×14	83.41	65.5	27100	1200	18	793	106	3.08
	446×199×8×12	84.95	66.7	29000	1300	18.5	1580	159	4.31
	450×200×9×14	97.41	76.5	33700	1500	18.6	1870	187	4.38
	#500×150×10×16	98.23	77.1	38500	1540	19.8	907	121	3.04
	496×199×9×14	101.3	79.5	41900	1690	20.3	1840	185	4.27
	500×200×10×16	114.2	89.6	47800	1910	20.5	2140	214	4.33
	#506×201×11×19	131.3	103	56500	2230	20.8	2580	257	4.43
	596×199×10×15	121.2	95.1	69300	2330	23.9	1980	199	4.04
	600×200×11×17	135.2	106	78200	2610	24.1	2280	228	4.11
	#606×201×12×20	153.3	120	91000	3000	24.4	2720	271	4.21
	#692×300×13×20	211.5	166	172000	4980	28.6	9020	602	6.53
	700×300×13×24	235.5	185	201000	5760	29.3	10800	722	6.78

注："#"表示的规格为非常用规格。

表3 **普通槽钢**

符号：同普通工字钢

但 W_y 为对应翼缘肢尖

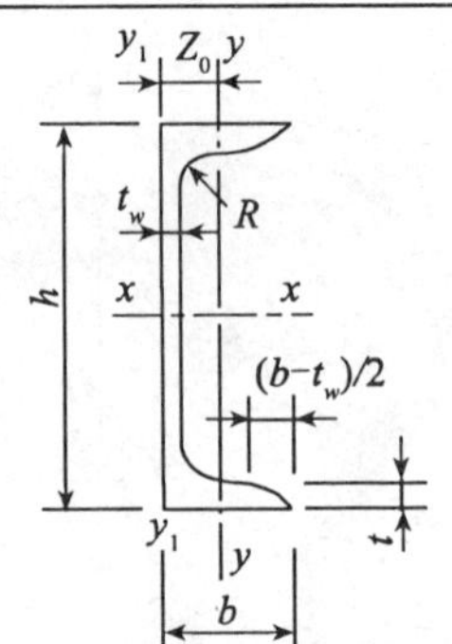

长度：

型号 5～8，长 5～12m；

型号 10～18，长 5～19m；

型号 20～20，长 6～19m

型号		尺寸(mm)					截面面积	理论重量	x-x 轴			y-y 轴			y-y_1 轴	Z_0
		h	b	t_w	t	R	(cm^2)	(kg/m)	I_x (cm^4)	W_x (cm^3)	i_x (cm)	I_y (cm^4)	W_y (cm^3)	I_y (cm)	I_{y_1} (cm^4)	(cm)
5		50	37	4.5	7	7	6.92	5.44	26	10.4	1.94	8.3	3.5	1.1	20.9	1.35
6.3		63	40	4.8	7.5	7.5	8.45	6.63	51	16.3	2.46	11.9	4.6	1.19	28.3	1.39
8		80	43	5	8	8	10.24	8.04	101	25.3	3.14	16.6	5.8	1.27	37.4	1.42
10		100	48	5.3	8.5	8.5	12.74	10	198	39.7	3.94	25.6	7.8	1.42	54.9	1.52
12.6		126	53	5.5	9	9	15.69	12.31	389	61.7	4.98	38	10.3	1.56	77.8	1.59
14	a	140	58	6	9.5	9.5	18.51	14.53	564	80.5	5.52	53.2	13	1.7	107.2	1.71
	b		60	8	9.5	9.5	21.31	16.73	609	87.1	5.35	61.2	14.1	1.69	120.6	1.67
16	a	160	63	6.5	10	10	21.95	17.23	866	108.3	6.28	73.4	16.3	1.83	144.1	1.79
	b		65	8.5	10	10	25.15	19.75	935	116.8	6.1	83.4	17.6	1.82	160.8	1.75
18	a	180	68	7	10.5	10.5	25.69	20.17	1273	141.4	7.04	98.6	20	1.96	189.7	1.88
	b		70	9	10.5	10.5	29.29	22.99	1370	152.2	6.84	111	21.5	1.95	210.1	1.84
20	a	200	73	7	11	11	28.83	22.63	1780	178	7.86	128	24.2	2.11	244	2.01
	b		75	9	11	11	32.83	25.77	1914	191.4	7.64	143.6	25.9	2.09	268.4	1.95
22	a	220	77	7	11.5	11.5	31.84	24.99	2394	217.6	8.67	157.8	28.2	2.23	298.2	2.1
	b		79	9	11.5	11.5	36.24	28.45	2571	233.8	8.42	176.5	30.1	2.21	326.3	2.03
25	a	250	78	7	12	12	34.91	27.4	3359	268.7	9.81	175.9	30.7	2.24	324.8	2.07
	b		80	9	12	12	39.91	31.33	3619	289.6	9.52	196.4	32.7	2.22	355.1	1.99
	c		82	11	12	12	44.91	35.25	3880	310.4	9.3	215.9	34.6	2.19	388.6	1.96
28	a	280	82	7.5	12.5	12.5	40.02	31.42	4753	339.5	10.9	217.9	35.7	2.33	393.3	2.09
	b		84	9.5	12.5	12.5	45.62	35.81	5118	365.6	10.59	241.5	37.9	2.3	428.5	2.02
	c		86	11.5	12.5	12.5	51.22	40.21	5484	391.7	10.35	264.1	40	2.27	467.3	1.99
32	a	320	88	8	14	14	48.5	38.07	7511	469.4	12.44	304.7	46.4	2.51	547.5	2.24
	b		90	10	14	14	54.9	43.1	8057	503.5	12.11	335.6	49.1	2.47	592.9	2.16
	c		92	12	14	14	61.3	48.12	8603	537.7	11.85	365	51.6	2.44	642.7	2.13
36	a	360	96	9	16	16	60.89	47.8	11874	659.7	13.96	455	63.6	2.73	818.5	2.44
	b		98	11	16	16	68.09	53.45	12652	702.9	13.63	496.7	66.9	2.7	880.5	2.37
	c		100	13	16	16	75.29	59.1	13429	746.1	13.36	536.6	70	2.67	948	2.34
40	a	400	100	10.5	18	18	75.04	58.91	17578	878.9	15.3	592	78.8	2.81	1057.9	2.49
	b		102	12.5	18	18	83.04	65.19	18644	932.2	14.98	640.6	82.6	2.78	1135.8	2.44
	c		104	14.5	18	18	91.04	71.47	19711	985.6	14.71	687.8	86.2	2.75	1220.3	2.42

表4　　等边角钢

型号		圆角 R	重心矩 Z_0	截面积 A	质量	惯性矩 I_x	截面模量 W_{xmax}	W_{xmin}	回转半径 i_x	i_{x_0}	i_{y_0}	i_y，当 a 为下列数值 6mm	8mm	10mm	12mm	14mm
		(mm)		(cm^2)	(kg/m)	(cm^4)	(cm^3)		(cm)			(cm)				
20×	3	3.5	6	1.13	0.89	0.40	0.66	0.29	0.59	0.75	0.39	1.08	1.17	1.25	1.34	1.43
	4		6.4	1.46	1.15	0.50	0.78	0.36	0.58	0.73	0.38	1.11	1.19	1.28	1.37	1.46
L25×	3	3.5	7.3	1.43	1.12	0.82	1.12	0.46	0.76	0.95	0.49	1.27	1.36	1.44	1.53	1.61
	4		7.6	1.86	1.46	1.03	1.34	0.59	0.74	0.93	0.48	1.30	1.38	1.47	1.55	1.64
L30×	3	4.5	8.5	1.75	1.37	1.46	1.72	0.68	0.91	1.15	0.59	1.47	1.55	1.63	1.71	1.8
	4		8.9	2.28	1.79	1.84	2.08	0.87	0.90	1.13	0.58	1.49	1.57	1.65	1.74	1.82
L36×	3	4.5	10	2.11	1.66	2.58	2.59	0.99	1.11	1.39	0.71	1.70	1.78	1.86	1.94	2.03
	4		10.4	2.76	2.16	3.29	3.18	1.28	1.09	1.38	0.70	1.73	1.8	1.89	1.97	2.05
	5		10.7	2.38	2.65	3.95	3.68	1.56	1.08	1.36	0.70	1.75	1.83	1.91	1.99	2.08
L40×	3	5	10.9	2.36	1.85	3.59	3.28	1.23	1.23	1.55	0.79	1.86	1.94	2.01	2.09	2.18
	4		11.3	3.09	2.42	4.60	4.05	1.60	1.22	1.54	0.79	1.88	1.96	2.04	2.12	2.2
	5		11.7	3.79	2.98	5.53	4.72	1.96	1.21	1.52	0.78	1.90	1.98	2.06	2.14	2.23
L45×	3	5	12.2	2.66	2.09	5.17	4.25	1.58	1.39	1.76	0.90	2.06	2.14	2.21	2.29	2.37
	4		12.6	3.49	2.74	6.65	5.29	2.05	1.38	1.74	0.89	2.08	2.16	2.24	2.32	2.4
	5		13	4.29	3.37	8.04	6.20	2.51	1.37	1.72	0.88	2.10	2.18	2.26	2.34	2.42
	6		13.3	5.08	3.99	9.33	6.99	2.95	1.36	1.71	0.88	2.12	2.2	2.28	2.36	2.44
L50×	3	5.5	13.4	2.97	2.33	7.18	5.36	1.96	1.55	1.96	1.00	2.26	2.33	2.41	2.48	2.56
	4		13.8	3.90	3.06	9.26	6.70	2.56	1.54	1.94	0.99	2.28	2.36	2.43	2.51	2.59
	5		14.2	4.80	3.77	11.21	7.90	3.13	1.53	1.92	0.98	2.30	2.38	2.45	2.53	2.61
	6		14.6	5.69	4.46	13.05	8.95	3.68	1.51	1.91	0.98	2.32	2.4	2.48	2.56	2.64
L56×	3	6	14.8	3.34	2.62	10.19	6.86	2.48	1.75	2.2	1.13	2.50	2.57	2.64	2.72	2.8
	4		15.3	4.39	3.45	13.18	8.63	3.24	1.73	2.18	1.11	2.52	2.59	2.67	2.74	2.82
	5		15.7	5.42	4.25	16.02	10.22	3.97	1.72	2.17	1.10	2.54	2.61	2.69	2.77	2.85
	8		16.8	8.37	6.57	23.63	14.06	6.03	1.68	2.11	1.09	2.60	2.67	2.75	2.83	2.91
L63×	4	7	17	4.98	3.91	19.03	11.22	4.13	1.96	2.46	1.26	2.79	2.87	2.94	3.02	3.09
	5		17.4	6.14	4.82	23.17	13.33	5.08	1.94	2.45	1.25	2.82	2.89	2.96	3.04	3.12
	6		17.8	7.29	5.72	27.12	15.26	6.00	1.93	2.43	1.24	2.83	2.91	2.98	3.06	3.14
	8		18.5	9.51	7.47	34.45	18.59	7.75	1.90	2.39	1.23	2.87	2.95	3.03	3.1	3.18
	10		19.3	11.66	9.15	41.09	21.34	9.39	1.88	2.36	1.22	2.91	2.99	3.07	3.15	3.23

续表

型号		单角钢										双角钢				
		圆角	重心矩	截面积	质量	惯性矩	截面模量		回转半径			i_y，当 a 为下列数值				
		R	Z_0	A		I_x	$W_{x\max}$	$W_{x\min}$	i_x	i_{x_0}	i_{y_0}	6mm	8mm	10mm	12mm	14mm
		(mm)		(cm^2)	(kg/m)	(cm^4)	(cm^3)		(cm)			(cm)				
L70×	4	8	18.6	5.57	4.37	26.39	14.16	5.14	2.18	2.74	1.4	3.07	3.14	3.21	3.29	3.36
	5		19.1	6.88	5.40	32.21	16.89	6.32	2.16	2.73	1.39	3.09	3.16	3.24	3.31	3.39
	6		19.5	8.16	6.41	37.77	19.39	7.48	2.15	2.71	1.38	3.11	3.18	3.26	3.33	3.41
	7		19.9	9.42	7.40	43.09	21.68	8.59	2.14	2.69	1.38	3.13	3.2	3.28	3.36	3.43
	8		20.3	10.67	8.37	48.17	23.79	9.68	2.13	2.68	1.37	3.15	3.22	3.30	3.38	3.46
L75×	5	9	20.3	7.41	5.82	39.96	19.73	7.30	2.32	2.92	1.5	3.29	3.36	3.43	3.5	3.58
	6		20.7	8.80	6.91	46.91	22.69	8.63	2.31	2.91	1.49	3.31	3.38	3.45	3.53	3.6
	7		21.1	10.16	7.98	53.57	25.42	9.93	2.30	2.89	1.48	3.33	3.4	3.47	3.55	3.63
	8		21.5	11.50	9.03	59.96	27.93	11.2	2.28	2.87	1.47	3.35	3.42	3.50	3.57	3.65
	10		22.2	14.13	11.09	71.98	32.40	13.64	2.26	2.84	1.46	3.38	3.46	3.54	3.61	3.69
L80×	5	9	21.5	7.91	6.21	48.79	22.70	8.34	2.48	3.13	1.6	3.49	3.56	3.63	3.71	3.78
	6		21.9	9.40	7.38	57.35	26.16	9.87	2.47	3.11	1.59	3.51	3.58	3.65	3.73	3.8
	7		22.3	10.86	8.53	65.58	29.38	11.37	2.46	3.1	1.58	3.53	3.60	3.67	3.75	3.83
	8		22.7	12.30	9.66	73.50	32.36	12.83	2.44	3.08	1.57	3.55	3.62	3.70	3.77	3.85
	10		23.5	15.13	11.87	88.43	37.68	15.64	2.42	3.04	1.56	3.58	3.66	3.74	3.81	3.89
L90×	6	10	24.4	10.64	8.35	82.77	33.99	12.61	2.79	3.51	1.8	3.91	3.98	4.05	4.12	4.2
	7		24.8	12.3	9.66	94.83	38.28	14.54	2.78	3.5	1.78	3.93	4	4.07	4.14	4.22
	8		25.2	13.94	10.95	106.5	42.3	16.42	2.76	3.48	1.78	3.95	4.02	4.09	4.17	4.24
	10		25.9	17.17	13.48	128.6	49.57	20.07	2.74	3.45	1.76	3.98	4.06	4.13	4.21	4.28
	12		26.7	20.31	15.94	149.2	55.93	23.57	2.71	3.41	1.75	4.02	4.09	4.17	4.25	4.32
L100×	6	12	26.7	11.93	9.37	115	43.04	15.68	3.1	3.91	2	4.3	4.37	4.44	4.51	4.58
	7		27.1	13.8	10.83	131	48.57	18.1	3.09	3.89	1.99	4.32	4.39	4.46	4.53	4.61
	8		27.6	15.64	12.28	148.2	53.78	20.47	3.08	3.88	1.98	4.34	4.41	4.48	4.55	4.63
	10		28.4	19.26	15.12	179.5	63.29	25.06	3.05	3.84	1.96	4.38	4.45	4.52	4.6	4.67
	12		29.1	22.8	17.9	208.9	71.72	29.47	3.03	3.81	1.95	4.41	4.49	4.56	4.64	4.71
	14		29.9	26.26	20.61	236.5	79.19	33.73	3	3.77	1.94	4.45	4.53	4.6	4.68	4.75
	16		30.6	29.63	23.26	262.5	85.81	37.82	2.98	3.74	1.93	4.49	4.56	4.64	4.72	4.8

续表

型号		单角钢										双角钢				
		圆角	重心矩	截面积	质量	惯性矩	截面模量		回转半径			i_y，当 a 为下列数值				
		R	Z_0	A		I_x	$W_{x\max}$	$W_{x\min}$	i_x	i_{x_0}	i_{y_0}	6mm	8mm	10mm	12mm	14mm
		(mm)		(cm^2)	(kg/m)	(cm^4)	(cm^3)		(cm)			(cm)				
L110×	7	12	29.6	15.2	11.93	177.2	59.78	22.05	3.41	4.3	2.2	4.72	4.79	4.86	4.94	5.01
	8		30.1	17.24	13.53	199.5	66.36	24.95	3.4	4.28	2.19	4.74	4.81	4.88	4.96	5.03
	10		30.9	21.26	16.69	242.2	78.48	30.6	3.38	4.25	2.17	4.78	4.85	4.92	5	5.07
	12		31.6	25.2	19.78	282.6	89.34	36.05	3.35	4.22	2.15	4.82	4.89	4.96	5.04	5.11
	14		32.4	29.06	22.81	320.7	99.07	41.31	3.32	4.18	2.14	4.85	4.93	5	5.08	5.15
L125×	8	14	33.7	19.75	15.5	297	88.2	32.52	3.88	4.88	2.5	5.34	5.41	5.48	5.55	5.62
	10		34.5	24.37	19.13	361.7	104.8	39.97	3.85	4.85	2.48	5.38	5.45	5.52	5.59	5.66
	12		35.3	28.91	22.7	423.2	119.9	47.17	3.83	4.82	2.46	5.41	5.48	5.56	5.63	5.7
	14		36.1	33.37	26.19	481.7	133.6	54.16	3.8	4.78	2.45	5.45	5.52	5.59	5.67	5.74
L140×	10	14	38.2	27.37	21.49	514.7	134.6	50.58	4.34	5.46	2.78	5.98	6.05	6.12	6.2	6.27
	12		39	32.51	25.52	603.7	154.6	59.8	4.31	5.43	2.77	6.02	6.09	6.16	6.23	6.31
	14		39.8	37.57	29.49	688.8	173	68.75	4.28	5.4	2.75	6.06	6.13	6.2	6.27	6.34
	16		40.6	42.54	33.39	770.2	189.9	77.46	4.26	5.36	2.74	6.09	6.16	6.23	6.31	6.38
L160×	10	16	43.1	31.5	24.73	779.5	180.8	66.7	4.97	6.27	3.2	6.78	6.85	6.92	6.99	7.06
	12		43.9	37.44	29.39	916.6	208.6	78.98	4.95	6.24	3.18	6.82	6.89	6.96	7.03	7.1
	14		44.7	43.3	33.99	1048	234.4	90.95	4.92	6.2	3.16	6.86	6.93	7	7.07	7.14
	16		45.5	49.07	38.52	1175	258.3	102.6	4.89	6.17	3.14	6.89	6.96	7.03	7.1	7.18
L180×	12	16	48.9	42.24	33.16	1321	270	100.8	5.59	7.05	3.58	7.63	7.7	7.77	7.84	7.91
	14		49.7	48.9	38.38	1514	304.6	116.3	5.57	7.02	3.57	7.67	7.74	7.81	7.88	7.95
	16		50.5	55.47	43.54	1701	336.9	131.4	5.54	6.98	3.55	7.7	7.77	7.84	7.91	7.98
	18		51.3	61.95	48.63	1881	367.1	146.1	5.51	6.94	3.53	7.73	7.8	7.87	7.95	8.02
L200×	14	18	54.6	54.64	42.89	2104	385.1	144.7	6.2	7.82	3.98	8.47	8.54	8.61	8.67	8.75
	16		55.4	62.01	48.68	2366	427	163.7	6.18	7.79	3.96	8.5	8.57	8.64	8.71	8.78
	18		56.2	69.3	54.4	2621	466.5	182.2	6.15	7.75	3.94	8.53	8.6	8.67	8.75	8.82
	20		56.9	76.5	60.06	2867	503.6	200.4	6.12	7.72	3.93	8.57	8.64	8.71	8.78	8.85
	24		58.4	90.66	71.17	3338	571.5	235.8	6.07	7.64	3.9	8.63	8.71	8.78	8.85	8.92

表 5　　　　**不等边角钢**

角钢型号 $B\times b\times t$		单角钢								双角钢							
		圆角	重心矩		截面积	质量	回转半径			i_y，当 a 为下列数值				i_y，当 a 为下列数值			
		R	Z_x	Z_y	A		i_x	i_y	i_{y_0}	6mm	8mm	10mm	12mm	6mm	8mm	10mm	12mm
		(mm)			(cm^2)	(kg/m)	(cm)			(cm)				(cm)			
L25×16×	3	3.5	4.2	8.6	1.16	0.91	0.44	0.78	0.34	0.84	0.93	1.02	1.11	1.4	1.48	1.57	1.65
	4		4.6	9.0	1.50	1.18	0.43	0.77	0.34	0.87	0.96	1.05	1.14	1.42	1.51	1.6	1.68
L32×20×	3	3.5	4.9	10.8	1.49	1.17	0.55	1.01	0.43	0.97	1.05	1.14	1.23	1.71	1.79	1.88	1.96
	4		5.3	11.2	1.94	1.52	0.54	1	0.43	0.99	1.08	1.16	1.25	1.74	1.82	1.9	1.99
L40×25×	3	4	5.9	13.2	1.89	1.48	0.7	1.28	0.54	1.13	1.21	1.3	1.38	2.07	2.14	2.23	2.31
	4		6.3	13.7	2.47	1.94	0.69	1.26	0.54	1.16	1.24	1.32	1.41	2.09	2.17	2.25	2.34
L45×28×	3	5	6.4	14.7	2.15	1.69	0.79	1.44	0.61	1.23	1.31	1.39	1.47	2.28	2.36	2.44	2.52
	4		6.8	15.1	2.81	2.2	0.78	1.43	0.6	1.25	1.33	1.41	1.5	2.31	2.39	2.47	2.55
L50×32×	3	5.5	7.3	16	2.43	1.91	0.91	1.6	0.7	1.38	1.45	1.53	1.61	2.49	2.56	2.64	2.72
	4		7.7	16.5	3.18	2.49	0.9	1.59	0.69	1.4	1.47	1.55	1.64	2.51	2.59	2.67	2.75
L56×36×	3	6	8.0	17.8	2.74	2.15	1.03	1.8	0.79	1.51	1.59	1.66	1.74	2.75	2.82	2.9	2.98
	4		8.5	18.2	3.59	2.82	1.02	1.79	0.78	1.53	1.61	1.69	1.77	2.77	2.85	2.93	3.01
	5		8.8	18.7	4.42	3.47	1.01	1.77	0.78	1.56	1.63	1.71	1.79	2.8	2.88	2.96	3.04
L63×40×	4	7	9.2	20.4	4.06	3.19	1.14	2.02	0.88	1.66	1.74	1.81	1.89	3.09	3.16	3.24	3.32
	5		9.5	20.8	4.99	3.92	1.12	2	0.87	1.68	1.76	1.84	1.92	3.11	3.19	3.27	3.35
	6		9.9	21.2	5.91	4.64	1.11	1.99	0.86	1.71	1.78	1.86	1.94	3.13	3.21	3.29	3.37
	7		10.3	21.6	6.8	5.34	1.1	1.96	0.86	1.73	1.8	1.88	1.97	3.15	3.23	3.3	3.39
L70×45×	4	7.5	10.2	22.3	4.55	3.57	1.29	2.25	0.99	1.84	1.91	1.99	2.07	3.39	3.46	3.54	3.62
	5		10.6	22.8	5.61	4.4	1.28	2.23	0.98	1.86	1.94	2.01	2.09	3.41	3.49	3.57	3.64
	6		11.0	23.2	6.64	5.22	1.26	2.22	0.97	1.88	1.96	2.04	2.11	3.44	3.51	3.59	3.67
	7		11.3	23.6	7.66	6.01	1.25	2.2	0.97	1.9	1.98	2.06	2.14	3.46	3.54	3.61	3.69
L75×50×	5	8	11.7	24.0	6.13	4.81	1.43	2.39	1.09	2.06	2.13	2.2	2.28	3.6	3.68	3.76	3.83
	6		12.1	24.4	7.26	5.7	1.42	2.38	1.08	2.08	2.15	2.23	2.3	3.63	3.7	3.78	3.86
	8		12.9	25.2	9.47	7.43	1.4	2.35	1.07	2.12	2.19	2.27	2.35	3.67	3.75	3.83	3.91
	10		13.6	26.0	11.6	9.1	1.38	2.33	1.06	2.16	2.24	2.31	2.4	3.71	3.79	3.87	3.96
L80×50×	5	8	11.4	26.0	6.38	5	1.42	2.57	1.1	2.02	2.09	2.17	2.24	3.88	3.95	4.03	4.1
	6		11.8	26.5	7.56	5.93	1.41	2.55	1.09	2.04	2.11	2.19	2.27	3.9	3.98	4.05	4.13
	7		12.1	26.9	8.72	6.85	1.39	2.54	1.08	2.06	2.13	2.21	2.29	3.92	4	4.08	4.16
	8		12.5	27.3	9.87	7.75	1.38	2.52	1.07	2.08	2.15	2.23	2.31	3.94	4.02	4.1	4.18

续表

角钢型号 $B \times b \times t$		单角钢								双角钢							
		圆角	重心矩		截面积	质量	回转半径			i_y，当 a 为下列数值				i_y，当 a 为下列数值			
		R	Z_x	Z_y	A		i_x	i_y	i_{y_0}	6mm	8mm	10mm	12mm	6mm	8mm	10mm	12mm
		(mm)			(cm^2)	(kg/m)	(cm)			(cm)				(cm)			
L90×56×	5	9	12.5	29.1	7.21	5.66	1.59	2.9	1.23	2.22	2.29	2.36	2.44	4.32	4.39	4.47	4.55
	6		12.9	29.5	8.56	6.72	1.58	2.88	1.22	2.24	2.31	2.39	2.46	4.34	4.42	4.5	4.57
	7		13.3	30.0	9.88	7.76	1.57	2.87	1.22	2.26	2.33	2.41	2.49	4.37	4.44	4.52	4.6
	8		13.6	30.4	11.2	8.78	1.56	2.85	1.21	2.28	2.35	2.43	2.51	4.39	4.47	4.54	4.62
L100×63×	6	10	14.3	32.4	9.62	7.55	1.79	3.21	1.38	2.49	2.56	2.63	2.71	4.77	4.85	4.92	5
	7		14.7	32.8	11.1	8.72	1.78	3.2	1.37	2.51	2.58	2.65	2.73	4.8	4.87	4.95	5.03
	8		15	33.2	12.6	9.88	1.77	3.18	1.37	2.53	2.6	2.67	2.75	4.82	4.9	4.97	5.05
	10		15.8	34	15.5	12.1	1.75	3.15	1.35	2.57	2.64	2.72	2.79	4.86	4.94	5.02	5.1
L100×80×	6	10	19.7	29.5	10.6	8.35	2.4	3.17	1.73	3.31	3.38	3.45	3.52	4.54	4.62	4.69	4.76
	7		20.1	30	12.3	9.66	2.39	3.16	1.71	3.32	3.39	3.47	3.54	4.57	4.64	4.71	4.79
	8		20.5	30.4	13.9	10.9	2.37	3.15	1.71	3.34	3.41	3.49	3.56	4.59	4.66	4.73	4.81
	10		21.3	31.2	17.2	13.5	2.35	3.12	1.69	3.38	3.45	3.53	3.6	4.63	4.7	4.78	4.85
L110×70×	6	10	15.7	35.3	10.6	8.35	2.01	3.54	1.54	2.74	2.81	2.88	2.96	5.21	5.29	5.36	5.44
	7		16.1	35.7	12.3	9.66	2	3.53	1.53	2.76	2.83	2.9	2.98	5.24	5.31	5.39	5.46
	8		16.5	36.2	13.9	10.9	1.98	3.51	1.53	2.78	2.85	2.92	3	5.26	5.34	5.41	5.49
	10		17.2	37	17.2	13.5	1.96	3.48	1.51	2.82	2.89	2.96	3.04	5.3	5.38	5.46	5.53
L125×80×	7	11	18	40.1	14.1	11.1	2.3	4.02	1.76	3.11	3.18	3.25	3.33	5.9	5.97	6.04	6.12
	8		18.4	40.6	16	12.6	2.29	4.01	1.75	3.13	3.2	3.27	3.35	5.92	5.99	6.07	6.14
	10		19.2	41.4	19.7	15.5	2.26	3.98	1.74	3.17	3.24	3.31	3.39	5.96	6.04	6.11	6.19
	12		20	42.2	23.4	18.3	2.24	3.95	1.72	3.21	3.28	3.35	3.43	6	6.08	6.16	6.23
L140×90×	8	12	20.4	45	18	14.2	2.59	4.5	1.98	3.49	3.56	3.63	3.7	6.58	6.65	6.73	6.8
	10		21.2	45.8	22.3	17.5	2.56	4.47	1.96	3.52	3.59	3.66	3.73	6.62	6.7	6.77	6.85
	12		21.9	46.6	26.4	20.7	2.54	4.44	1.95	3.56	3.63	3.7	3.77	6.66	6.74	6.81	6.89
	14		22.7	47.4	30.5	23.9	2.51	4.42	1.94	3.59	3.66	3.74	3.81	6.7	6.78	6.86	6.93
L160×100×	10	13	22.8	52.4	25.3	19.9	2.85	5.14	2.19	3.84	3.91	3.98	4.05	7.55	7.63	7.7	7.78
	12		23.6	53.2	30.1	23.6	2.82	5.11	2.18	3.87	3.94	4.01	4.09	7.6	7.67	7.75	7.82
	14		24.3	54	34.7	27.2	2.8	5.08	2.16	3.91	3.98	4.05	4.12	7.64	7.71	7.79	7.86
	16		25.1	54.8	39.3	30.8	2.77	5.05	2.15	3.94	4.02	4.09	4.16	7.68	7.75	7.83	7.9

续表

角钢型号 $B \times b \times t$		单角钢								双角钢							
		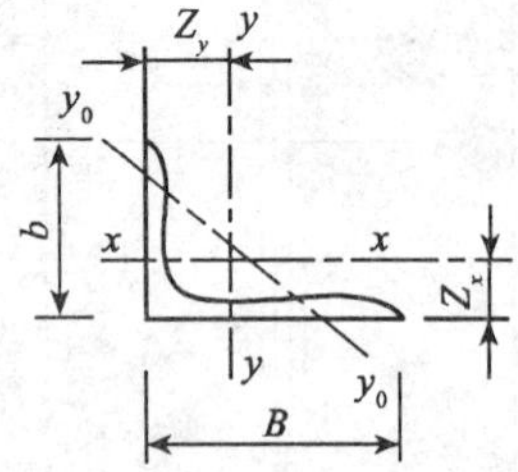 圆角	重心矩		截面积	质量	回转半径			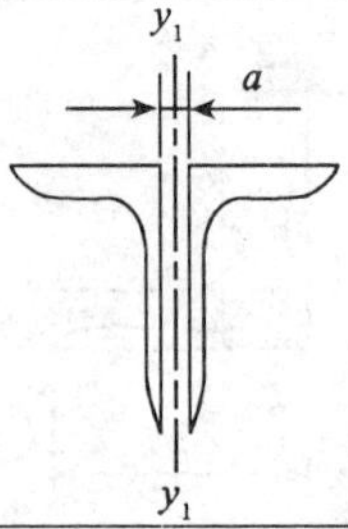 i_y，当 a 为下列数值				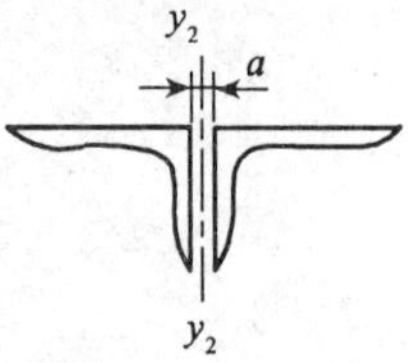 i_y，当 a 为下列数值			
		R	Z_x	Z_y	A		i_x	i_y	i_{y_0}	6mm	8mm	10mm	12mm	6mm	8mm	10mm	12mm
		(mm)			(cm^2)	(kg/m)	(cm)			(cm)				(cm)			
L180×110×	10	14	24.4	58.9	28.4	22.3	3.13	8.56	5.78	2.42	4.16	4.23	4.3	4.36	8.49	8.72	8.71
	12		25.2	59.8	33.7	26.5	3.1	8.6	5.75	2.4	4.19	4.33	4.33	4.4	8.53	8.76	8.75
	14		25.9	60.6	39	30.6	3.08	8.64	5.72	2.39	4.23	4.26	4.37	4.44	8.57	8.63	8.79
	16		26.7	61.4	44.1	34.6	3.05	8.68	5.81	2.37	4.26	4.3	4.4	4.47	8.61	8.68	8.84
L200×125×	12	14	28.3	65.4	37.9	29.8	3.57	6.44	2.75	4.75	4.82	4.88	4.95	9.39	9.47	9.54	9.62
	14		29.1	66.2	43.9	34.4	3.54	6.41	2.73	4.78	4.85	4.92	4.99	9.43	9.51	9.58	9.66
	16		29.9	67.8	49.7	39	3.52	6.38	2.71	4.81	4.88	4.95	5.02	9.47	9.55	9.62	9.7
	18		30.6	67	55.5	43.6	3.49	6.35	2.7	4.85	4.92	4.99	5.06	9.51	9.59	9.66	9.74

注：一个角钢的惯性矩 $I_x = Ai_x^2$，$I_y = Ai_y^2$；一个角钢的截面模量 $W_{xmax} = I_x/Z_x$，$W_{xmin} = I_x/(b-Z_x)$；$W_{ymax} = I_yZ_y$，$W_{ymin} = I_y(b-Z_y)$。

附录三　C型钢规格表

一、截面图形

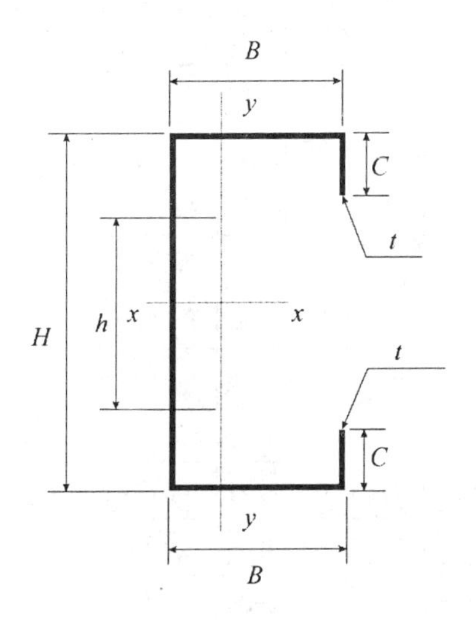

二、几何尺寸

C型檩条断面尺寸

型号	断面尺寸(mm)					h	备注
	H	B	B	C	t		
C80	80	40	40	15-20	2. 0-3. 0		以上规格C型钢材质均采用Q195-Q235（可冲中孔）
C100	100	50	50	15-20	2. 0-3. 0		
C120	120	50	50	15-20	2. 0-3. 0	孔距可调	
C140	140	50	50	15-20	2. 0-3. 0	孔距可调	
C160	160	50	50	15-20	2. 0-3. 0	孔距可调	
C160	160	60	60	15-20	2. 0-3. 0	孔距可调	
C180	180	60	60	15-20	2. 0-3. 0	孔距可调	
C200	200	60	60	15-20	2. 0-3. 0	孔距可调	
C220	220	60	60	15-20	2. 0-3. 0	孔距可调	
C220	220	70	70	15-20	2. 0-3. 0	孔距可调	
C250	250	70	70	15-20	2. 0-3. 0	孔距可调	
C250	250	80	80	15-20	2. 0-3. 0	孔距可调	
C300	300	80	80	15-20	2. 0-3. 0	孔距可调	

三、C 型钢规格型号及技术参数

尺寸				面积	重量	重心		弯心	断面参数						
(mm)				(cm^2)	(kg/m)	(cm)		(cm)	(cm^4)	(cm^3)	(cm)	(cm^4)	(cm)	(cm^3)	(cm^3)
H	B	C	t	A	m	e_x	e_y	e_0	I_x	W_x	r_x	l_y	r_y	W_{ymax}	W_{ymin}
80	45	10	2.00	3.57	2.80	1.71	3.75	3.93	31.98	8.53	2.99	10.08	1.68	5.91	3.61
80	45	10	2.30	4.05	3.18	1.70	3.75	3.89	35.78	9.54	2.97	11.18	1.66	6.56	4.00
80	45	10	2.50	4.36	3.42	1.70	3.75	3.86	38.18	10.18	2.96	11.85	1.65	6.97	4.23
80	45	10	2.75	4.73	3.72	1.70	3.75	3.83	41.03	10.94	2.94	12.63	1.63	7.44	4.51
80	45	10	3.00	5.10	4.01	1.69	3.75	3.80	43.70	11.65	2.93	13.33	1.62	7.87	4.75
100	50	15–20	2.00	4.47	3.51	1.86	5.00	4.38	69.62	13.92	3.95	16.44	1.92	8.86	5.23
100	50	15–20	2.30	5.08	3.99	1.85	5.00	4.34	78.35	15.67	3.93	18.35	1.90	9.91	5.83
100	50	15–20	2.50	5.48	4.30	1.85	5.00	4.32	83.92	16.78	3.91	19.55	1.89	10.57	6.21
100	50	15–20	2.75	5.97	4.69	1.85	5.00	4.28	90.63	18.13	3.90	20.96	1.87	11.34	6.65
100	50	15–20	3.00	6.45	5.07	1.84	5.00	4.25	97.03	19.41	3.88	22.27	1.86	12.07	7.06
120	50	15–20	2.00	4.87	3.82	1.71	6.00	4.11	106.94	17.82	4.69	17.57	1.90	10.27	5.34
120	50	15–20	2.30	5.54	4.35	1.71	6.00	4.08	120.58	20.10	4.66	19.62	1.88	11.49	5.96
120	50	15–20	2.50	5.98	4.70	1.71	6.00	4.05	129.33	21.55	4.65	20.91	1.87	12.26	6.35
120	50	15–20	2.75	6.52	5.12	1.70	6.00	4.02	139.89	23.31	4.63	22.43	1.85	13.17	6.80
120	50	15–20	3.00	7.05	5.54	1.70	6.00	3.99	150.02	25.00	4.61	23.85	1.84	14.02	7.23
140	60	15–20	2.00	5.67	4.45	1.98	7.00	4.77	173.04	24.72	5.53	28.65	2.25	14.49	7.12
140	60	15–20	2.30	6.46	5.07	1.97	7.00	4.73	195.70	27.96	5.50	32.11	2.23	16.28	7.97
140	60	15–20	2.50	6.98	5.48	1.97	7.00	4.71	210.33	30.05	5.49	34.31	2.22	17.41	8.51
140	60	15–20	2.75	7.62	5.98	1.97	7.00	4.68	228.10	30.59	5.47	36.92	2.20	18.77	9.16
140	60	15–20	3.00	8.25	6.48	1.96	7.00	4.64	245.28	35.04	5.45	39.40	2.18	20.06	9.76
160	60	15–20	2.00	6.07	4.76	1.85	8.00	4.54	236.56	29.57	6.24	29.96	2.22	16.17	7.22
160	60	15–20	2.30	6.92	5.43	1.85	8.00	4.50	267.81	33.48	6.22	33.60	2.20	18.16	8.09
160	60	15–20	2.50	7.48	5.87	1.85	8.00	4.48	288.05	36.01	6.21	35.90	2.19	19.43	8.64
160	60	15–20	2.75	8.17	6.42	1.84	8.00	4.45	312.66	39.08	6.19	38.64	2.17	20.95	9.30
160	60	15–20	3.00	8.85	6.95	1.84	8.00	4.41	336.52	42.07	6.17	41.24	2.16	22.40	9.92
160	70	15–20	2.00	6.47	5.08	2.24	8.00	5.42	261.52	32.69	6.36	43.42	2.59	19.40	9.12
160	70	15–20	2.30	7.38	5.79	2.23	8.00	5.38	296.41	37.05	6.34	48.82	2.57	21.85	10.24
160	70	15–20	2.50	7.98	6.27	2.23	8.00	5.35	319.05	39.88	6.32	52.26	2.56	23.42	10.96

续表

尺寸				面积	重量	重心		弯心	断面参数						
(mm)				(cm^2)	(kg/m)	(cm)		(cm)	(cm^4)	(cm^3)	(cm)	(cm^4)	(cm)	(cm^3)	(cm^3)
H	B	C	t	A	m	e_x	e_y	e_0	I_x	W_x	r_x	l_y	r_y	W_{ymax}	W_{ymin}
160	70	15-20	2.75	8.72	6.85	2.23	8.00	5.32	346.66	43.33	6.30	56.38	2.54	25.31	11.81
160	70	15-20	3.00	9.45	7.42	2.22	8.00	5.29	373.50	46.69	6.29	60.32	2.53	27.12	12.63
180	70	15-20	2.00	6.87	5.39	2.11	9.00	5.19	343.90	38.21	7.08	45.14	2.56	21.35	9.24
180	70	15-20	2.30	7.84	6.16	2.11	9.00	5.15	390.09	43.34	7.05	50.76	2.54	24.06	10.38
180	70	15-20	2.50	8.48	6.66	2.11	9.00	5.13	420.11	46.68	7.04	54.34	2.53	25.79	11.11
180	70	15-20	2.75	9.27	7.28	2.10	9.00	5.09	456.77	50.75	7.02	58.64	2.51	27.87	11.98
180	70	15-20	3.00	10.05	7.89	2.10	9.00	5.06	492.47	54.72	7.00	62.74	2.50	29.87	12.81
200	75	15-20	2.00	7.47	5.86	2.19	10.00	5.40	459.63	45.96	7.85	55.19	2.72	25.25	10.39
200	75	15-20	2.30	8.53	6.70	2.18	10.00	5.37	521.93	52.19	7.82	61.13	2.70	28.48	11.68
200	75	15-20	2.50	9.23	7.25	2.18	10.00	5.34	562.51	56.25	7.81	66.58	2.69	30.55	12.51
200	75	15-20	2.75	10.10	7.93	2.18	10.00	5.31	612.18	61.22	7.79	71.59	2.67	33.05	13.51
200	75	15-20	3.00	10.95	8.60	2.17	10.00	5.28	660.66	66.07	7.77	77.03	2.65	35.46	14.46
250	75	15-20	2.00	8.47	6.65	1.94	12.50	4.93	776.45	62.12	9.58	59.02	2.64	30.43	10.62
250	75	15-20	2.30	9.68	7.60	1.94	12.50	4.90	882.83	70.63	9.55	66.46	2.62	34.32	11.95
250	75	15-20	2.50	10.48	8.23	1.93	12.50	4.87	952.29	76.18	9.53	71.22	2.61	36.82	12.80
250	75	15-20	2.75	11.47	9.01	1.93	12.50	4.84	1037.50	83.00	9.51	76.95	2.59	39.84	13.82
250	75	15-20	3.00	12.45	9.78	1.93	12.50	4.81	1120.90	89.67	9.49	82.43	2.57	42.74	14.80
300	80	15-20	2.5	12.5	9.61	1.89	15.00	4.462	1588.59	105.9	11.38	93.48	2.76	48.08	15.30
300	80	15-20	3	14.64	11.49	1.89	15.00	4.54	1889.75	125.98	11.36	109.92	2.74	56.00	18.16
300	100	15-20	2.75	14.54	11.41	1.90	15.00	6.00	1982.84	132.18	11.67	176.71	3.48	67.70	23.91
300	100	15-20	3	15.84	12.43	1.90	15.00	6.10	2154.38	143.62	11.66	191.18	3.47	73.20	25.87

参考文献

[1] 钢结构设计规范(GB50017—2011)
[2] 乐嘉龙. 钢结构建筑施工图识读技法. 合肥：安徽科学技术出版社，2011.
[3] 钟善桐. 钢结构. 武汉：武汉大学出版社，2005.
[4] 钢结构施工图参数表示方法制图规则和构造详图(08SG115-1).
[5] 建筑钢结构施工质量验收规范(GB50205—2001).
[6] 陈绍蕃. 钢结构. 第二版. 北京：中国建筑工业出版社，1994.
[7] 罗邦富. 钢结构设计手册. 北京：中国建筑工业出版社，1989.
[8] 王肇民. 建筑钢结构设计. 上海：同济大学出版社，2001.
[9] 沈祖炎，陈扬骥，陈以一. 钢结构基本原理. 北京：中国建筑工业出版社，2002.
[10] 冷弯薄壁型钢结构技术规范(GB20017—2003).
[11] 建筑钢结构焊接规程(JGJ81—2002).
[12] 门式刚架轻型房屋钢结构技术规程(CECS102：2002).